VBA エキスパート　公式テキスト

Access VBA スタンダード

///// **Odyssey**
communications

はじめに

本書は、「VBAエキスパート」を開発したオデッセイ コミュニケーションズが発行するVBAの学習書です。

VBAエキスパートは、ExcelやAccessのマクロ・VBAスキルを証明する資格として、2003年4月にスタートしました。ビジネスの現場でよく使われる機能に重点をおき、ユーザー自らがプログラミングするスキルを客観的に証明する資格です。VBAエキスパートの取得に向けた学習を通して、実務に役立つスキルが身に付きます。

本書は、VBAエキスパートの公式テキストとして、「Access VBA スタンダード」の試験範囲を完全にカバーしており、試験の合格を目指す方はもちろん、VBAを体系的に学習したい方にも最適な学習書として制作されています。
学習する上で大切なポイント、学習者が間違えやすいところは具体的な例を挙げながら重点的に解説し、実習を繰り返すことで、確実にVBAをマスターできるように配慮されています。

本書をご活用いただき、VBAの知識とスキルの取得や、VBAエキスパートの受験にお役立てください。

株式会社オデッセイ コミュニケーションズ

Access VBA Standard
Contents

1 VBAの基礎知識

2　変数・配列・ユーザー定義型・コレクション

5 応用プログラミング

6 SQL

7 ADO／DAO

8 Visual Basic Editor の操作とエラーへの対応

本書について

■ 本書の目的

本書は、基礎から体系的にマクロ・VBAスキルを習得することを目的とした書籍です。実務でよく使われる機能に重点を置いて解説しているため、実践的なスキルが身につきます。VBA エキスパート「Access VBAスタンダード」試験の出題範囲を完全に網羅した、株式会社オデッセイ コミュニケーションズが発行する公式テキストです。

■ 対象読者

「Access VBAベーシック」レベルを理解し、Access VBAの知識とスキルをより深めたい方、VBA エキスパート「Access VBAスタンダード」の合格を目指す方を対象としています。

■ 本書の制作環境

本書は以下の環境を使用して制作しています（2019年12月現在）。

- Windows 10 Professional（64ビット版）
- Microsoft Office Professional Plus 2016

■ 本書の表記について

本文中のマークには、次のような意味があります。

	本文に関連する手順や知っておくべき事項を説明しています。
	操作を行う上で注意すべき点を説明しています。

■ 学習用データのダウンロード

本書で学習する読者のために、下記の学習用データを提供いたします。

- サンプルデータベース
- 演習問題
- VBAエキスパート「Access VBAスタンダード」模擬問題（ご利用に必要なシリアルキー）

学習用データは、以下の手順でご利用ください。

1. ユーザー情報登録ページを開き、認証画面にユーザー名とパスワードを入力します。

ユーザー情報登録ページ	https://vbae.odyssey-com.co.jp/book/ac_standard/
ユーザー名	acstandard
パスワード	5Mdr2E

2. ユーザー情報登録フォームが表示されますので、お客様情報を入力して登録します。
3. 登録されたメールアドレス宛に、ダウンロードページのURLが記載されたメールが届きます。
4. メールに記載されたURLより、学習用データをダウンロードします。

学習環境について

■ 学習環境

本書で学習するには、AccessがインストールされたWindowsパソコンをご利用ください。
本書はMicrosoft Office Access 2016を使用して制作していますが、Access 2010、Access 2013がインストールされたWindowsパソコンでも学習していただけます。

■ リボンの構成やダイアログボックスの名称

本書に掲載したAccessの画面は、Windows 10とAccess 2016がインストールされたWindowsパソコンで作成しています。Windows OSやAccessのバージョンが異なると、Accessのリボンの構成やダイアログボックスの名称などが異なることがあります。

■ ファイルの拡張子の表示

ファイルの拡張子を表示させるために、次のように設定します。

❶ 任意のフォルダーを開きます
❷［表示］タブをクリックし、［ファイル名拡張子］チェックボックスをオンにします

VBA エキスパートの試験概要

■ VBA エキスパートとは

「VBA エキスパート」とは、Microsoft Office アプリケーションのExcel やAccess に搭載されているマクロ・VBA（Visual Basic for Applications）のスキルを証明する認定資格です。株式会社オデッセイ コミュニケーションズが試験を開発し、実施しています。

VBA は、ユーザー個人がルーティンワークを自動化するような初歩的な使い方から、企業内におけるXML Web サービスのフロントエンド、あるいは業務システムなど、多岐にわたって活用されています。

VBA エキスパートの取得は、"ユーザー自らのプログラミング能力" の客観的な証明となります。資格の取得を通して実務に直結したスキルが身につくため、個人やチームの作業効率の向上、ひいては企業におけるコストの低減も期待でき、資格保有者だけでなく、雇用する企業側にも大きなメリットのある資格です。

■ 試験科目

試験科目	概要
Excel VBAベーシック	Excel VBAの基本文法を理解し、基礎的なマクロの読解・記述能力を診断します。ベーシックレベルで診断するスキルには、変数、セル・シート・ブックの操作、条件分岐、繰返し処理などが含まれます。
Excel VBAスタンダード	プロパティ・メソッドなど、Excel VBAの基本文法を理解して、ベーシックレベルよりも高度なマクロを読解・記述する能力を診断します。スタンダードレベルで診断するスキルには、ベーシックレベルを深めた知識に加え、配列、検索とオートフィルター、並べ替え、テーブル操作、エラー対策などが含まれます。
Access VBAベーシック	データベースの基礎知識、Access VBAの基本文法をはじめ、SQLに関する基礎的な理解力を診断します。ベーシックレベルで診断するスキルには、変数、条件分岐、繰返し処理、オブジェクトの操作、関数などのほか、Visual Basic Editorの利用スキル、デバッグの基礎などが含まれます。
Access VBAスタンダード	データベースの基礎知識、Access VBAの基本文法、SQLなど、ベーシックレベルのスキルに加え、より高度なプログラムを読解・記述する能力を診断します。スタンダードレベルで診断するスキルには、ファイル操作、ADO/DAOによるデータベース操作、オブジェクトの操作、プログラミングのトレース能力、エラー対策などが含まれます。

■ 試験の形態と受験料

試験会場のコンピューター上で解答する、CBT（Computer Based Testing）方式で行われます。

● Access VBA スタンダード

出題数	40問前後
出題形式	選択問題（選択肢形式、ドロップダウンリスト形式、クリック形式、ドラッグ＆ドロップ形式） 穴埋め記述問題
試験時間	60分
合格基準	650〜800点（1000点満点）以上の正解率 ※ 問題の難易度により変動
受験料	〈一般〉13,500円（税抜） 〈割引〉12,200円（税抜） ※ VBAエキスパート割引受験制度を利用した場合

■ Access VBA スタンダードの出題範囲と本書の対応表

大分類	小分類	章
1.「Access VBAベーシック」レベルの理解	1. データベース基礎	1章
	2. SQL基礎	
	3. マクロ/DoCmdオブジェクト	
	4. フォーム/レポート	
	5. Visual Basic Editorの使い方	
	6. VBA基礎知識・文法	
2. 変数・配列・ユーザー定義型	1. 変数	2章
	2. 変数の適用範囲と有効期間	
	3. 配列	
	4. ユーザー定義型	
	5. コレクション	
3. プロシージャ・モジュール	1. プロシージャの連携	3章
	2. 引数と戻り値	
	3. プロシージャの適用範囲	

大分類	小分類	章
4. フォームとレポートの操作	1. フォーム・レポートの操作	4章
	2. サブフォーム・サブレポートの操作	
	3. フォーム間連携	
	4. イベントプログラミング	
5. SQL	1. パターンマッチング	6章
	2. レコードのグループ化	
	3. テーブルやクエリの結合	
	4. テーブル定義の変更	
	5. インデックス	
6. ADOやDAOによるデータベース操作	1. ADOの基礎	7章
	2. データベースの接続	
	3. レコードの操作	
	4. テーブルの操作	
	5. トランザクション	
	6. 外部データベースの利用	
	7. 例外処理	
	8. DAOを使ったデータベース操作	
7. 応用プログラミング	1. 参照設定・コンポーネントの利用	5章
	2. ファイル操作 (FileSystemObject、FileDialog)	
	3. VBAの高速化	
8. プログラミングのトレース能力とデバッグ	1. 論理（ロジック）	8章
	2. 論理エラーの対処	
	3. エラートラップ	
	4. Visual Basic Editorのデバッグ支援機能	

その他、VBA エキスパートに関する最新情報は、公式サイトを参照してください。
URL：https://vbae.odyssey-com.co.jp/

1

VBAの基礎知識

この章では、VBA を使って開発を行う上で、確実に理解し
ておく必要がある基礎的な知識について解説します。

1-1 基本用語

VBAの開発には、さまざまな専門用語が登場します。本書の中でも、それらの専門用語を使って解説を行います。ここでは、それら専門用語の中でも特に知っておくべき、基本的な用語について解説していきます。VBAエキスパート公式テキスト「Access VBA ベーシック」で学習した人は、重複する内容もありますが、復習を兼ねて確実に理解しておいてください。

プロジェクトとは

プロジェクトとは、データベースファイルに保存されているモジュールを取りまとめて管理するものです。プロジェクトの内容は、プロジェクトエクスプローラで確認できます。プロジェクトには、自由にプロジェクト名を付けることができ、パスワードを使用して表示をロック（非表示に）することもできます。プロジェクトには、次の3種類のモジュールがあります。

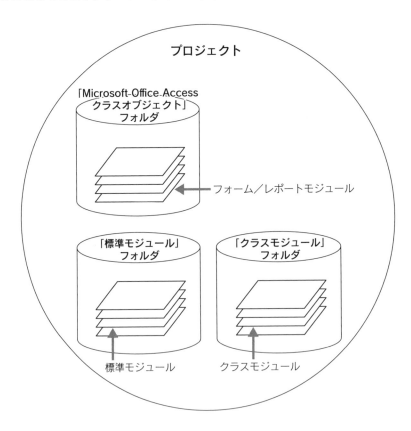

モジュールの種類	内容
Microsoft Office Access クラスオブジェクト	フォームやレポートに関連付けられた、フォームモジュールやレポートモジュールを格納する
標準モジュール	データベース全体で使用する汎用的なモジュールオブジェクトを格納する
クラスモジュール	ユーザーが作成した独自のクラスが定義されたモジュールを格納する

memo

VBA では、ユーザーが独自のオブジェクトを作成するために、クラスモジュールが用意されています。しかしクラスを使用しなくても、十分に実用的なマクロを作成することができます。本テキストではこれ以上詳しく、クラスについて取り上げません。

モジュールとは

モジュールとは、プログラムを構成する単位であるプロシージャを記述・格納するためのオブジェクトです。モジュールには、自由に作成・削除ができる「標準モジュール」「クラスモジュール」と、フォームやレポートに関連付けられて作成される「フォームモジュール」「レポートモジュール」があります。モジュールの種類によって、格納できるプロシージャや使用目的が異なります。

モジュールの種類については「3-2　モジュール」で詳しく解説します。

プロシージャとは

プロシージャとは、プログラムを構成する最小単位です。プログラムとは、コンピュータに演算などの処理を行わせる手続き全般を指します。プロシージャは、それらの処理に対する命令を手順としてまとめ、記述したものです。つまり**プログラムは、ひとつまたは複数のプロシージャから構成されます**。またプロシージャは、すべてモジュール内に記述されます。モジュールが入れ物だとしたら、プロシージャはその中身にあたります。

プロシージャの種類については「3-1　プロシージャ」で詳しく解説します。

オブジェクトとは

オブジェクトとは、VBAにおいて処理の対象となる、アプリケーションの構成要素を指します。オブジェクトには、フォームやレポートのように目に見えるオブジェクトや、ユーザーが独自に作成したオブジェクトのように目に見えないオブジェクトがあります。これらのオブジェクトは、VBAからその属性を取得・設定したり、動作を指定したりすることができます。

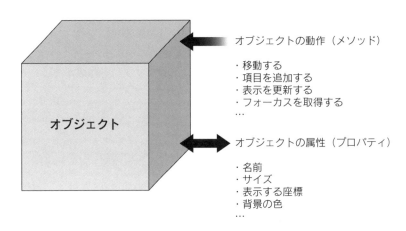

オブジェクトの動作（メソッド）

・移動する
・項目を追加する
・表示を更新する
・フォーカスを取得する
…

オブジェクトの属性（プロパティ）

・名前
・サイズ
・表示する座標
・背景の色
…

● プロパティとは

プロパティとは、オブジェクトが持つ属性を指します。たとえばフォームオブジェクトの場合、フォームを配置する位置やサイズ、キャプションに表示する文字列やフォームの背景色などがプロパティにあたります。これらプロパティの値は、オブジェクトを作成したときに既定値が用いられますが、後からVBAを使用して新しい値を設定することもできます。

● メソッドとは

メソッドとは、オブジェクトが行うことのできる動作を指します。たとえば、Access VBAのDoCmdオブジェクトは、Accessに対して行う動作を指定することができるオブジェクトです。テーブル・フォームを開く、クエリを実行する、レポートを印刷する、Accessを終了するなどの動作を、メソッドで指定することができます。またメソッドには**引数**と呼ばれる、**どのように動作を行うか**を指定する値があります。たとえばフォームを開くときには、「どのフォームを開くのか？」を指定する必要があります。この場合、フォーム名を引数としてメソッドに指定します。

演算子とは

演算子とは、プログラムの中でさまざまな演算処理を行うときに、その演算内容を指示するための記号を指します。演算子を使うことで、数値を計算したり、値を代入したり、複雑な条件式を作成することができます。演算子の種類には次のものがあります。

演算子の種類	演算子
算術演算子	+、−、*、/、Mod、¥、^
比較演算子	=、<、<=、>、>=、<>、Is、Like
文字列連結演算子	&、+
論理演算子	And、Or、Not、Xor、Eqv、Imp
代入演算子	=

演算子には優先順位があります。基本的に、演算は左から右へと処理されますが、「()（カッコ）」でくくった場合は「()」内の演算を優先して行います。それ以外の場合は、演算子の優先順位に従って計算が行われます。複数の演算子を組み合わせた式では、演算子の優先順位に注意する必要があります。

【演算の優先順位】

優先順位	演算子の種類
高い ↑ ↓ 低い	「()」内の式
	算術演算子
	連結演算子
	比較演算子
	論理演算子

【同じ種類の演算子における優先順位】

優先順位	算術演算子	比較演算子	論理演算子
高い ↑ ↓ 低い	^	=	Not
	マイナス符号	<>	And
	*、/	<	Or
	¥	>	Xor
	Mod	<=	Eqv
	+、−	>=	Imp

演算子については「Access VBAベーシック」にて、詳しく解説しています。

5

キーワードとは

キーワードとは、VBAにとって特別な意味を持つ文字列を指します。一部のキーワードは、コードの中で青色で表示されます。キーワードには、ステートメント名、関数名、演算子などがあります。たとえば、「Sub」や「End」はキーワードです。これらの**キーワードと同じ文字列を、プロシージャ名や変数名に用いることはできません。**

組み込み定数とは

組み込み定数とは、関数やメソッドの引数などに指定する、VBAであらかじめ定義されている定数を指します。組み込み定数を利用することで、**引数の値を直接指定するよりも簡単かつ正確にコードを記述する**ことができます。また組み込み定数の多くは、VBEの自動メンバ表示機能で記述時に自動的に表示されます。組み込み定数の種類は次の通りです。

組み込み定数の種類	内容
Visual Basicの定数	先頭に「vb」のプリフィックス（接頭辞）が付く。 Access以外のVBAでも使用できる
Access VBAの定数	先頭に「ac」のプリフィックス（接頭辞）が付く。 Access以外のVBAでは使用できない

組み込み定数に関しては、その定数を使用する関数やメソッド、プロパティの項目で併せて解説しますが、次の定数は頻繁に使用され、かつ他で解説する項目がないためここで解説します。

●キャリッジリターン／ラインフィード

文字列を改行します。MsgBox関数やDebug.Printで出力させる文字列の中に用いると、文章を改行することができます。

定数	内容
vbCr	キャリッジリターン文字
vbLf	ラインフィード文字
vbCrLf	改行文字
vbNewLine	vbCrLfと同じ働きをする

これらの定数の値は、Chr関数を使用した文字コードに対応する文字になります。つまり「vbCrLf」は「Chr(13) & Chr(10)」と同じ値になります。ですので、「vbCrLf」ではなく「Chr(13) & Chr(10)」を直接コードに記述しても、改行を行うことができます。

それでは実際に、コードを記述して動作を確認しましょう。

❶実習ファイル「S01.accdb」を開きます。

❷「改行文字」モジュールをダブルクリックしてVBEを起動します。

❸コードウィンドウに次のコードを記述してください。

```
Sub Test()
    MsgBox "12345" & vbCrLf & "67890"
    MsgBox "AAAAA" & vbNewLine & "BBBBB"
End Sub
```

コードを実行すると、図のメッセージボックスが表示されます。

● カラー定数

色を指定します。フォームの背景色やテキストボックスの文字列などの色を、コードの中で指定するときに使用します。

定数	内容
vbBlack	黒色
vbRed	赤色
vbGreen	緑色
vbYellow	黄色
vbBlue	青色
vbMagenta	マゼンタ色
vbCyan	シアン色
vbWhite	白色

それでは実際に、コードを記述して動作を確認しましょう。

❶ VBEのプロジェクトエクスプローラより「Form_ カラー定数」モジュールをダブルクリック
します。

❷ [btn1] ボタンのClickイベントプロシージャを作成してください。

❸ 作成したイベントプロシージャに次のコードを記述します。

```
Private Sub btn1_Click()
    Select Case Me.frm1.Value
    Case Me.opt1.OptionValue
        Me.詳細.BackColor = vbBlack
    Case Me.opt2.OptionValue
        Me.詳細.BackColor = vbRed
    Case Me.opt3.OptionValue
        Me.詳細.BackColor = vbGreen
    Case Me.opt4.OptionValue
        Me.詳細.BackColor = vbYellow
    Case Me.opt5.OptionValue
        Me.詳細.BackColor = vbBlue
    Case Me.opt6.OptionValue
        Me.詳細.BackColor = vbMagenta
    Case Me.opt7.OptionValue
        Me.詳細.BackColor = vbCyan
    Case Me.opt8.OptionValue
        Me.詳細.BackColor = vbWhite
    End Select
End Sub
```

❹ Accessに戻ると［カラー定数］フォームがデザインビューで開いているので、保存して閉じ
ます。

❺ ［カラー定数］フォームをフォームビューで開き、［フォーム背景色の選択］オプショングル
ープから背景色を選択して［フォーム背景色の変更］ボタンをクリックすると、フォームの
背景色が選択した色に変更されます。

❻ 変更を確認したら［カラー定数］フォームを閉じます。

VBAには、組み込み定数の他にユーザーが自由に定義して使用することができる「ユーザー定義定数」があります。ユーザー定義定数については「Access VBAベーシック」にて詳しく解説しています。

参照設定とは

参照設定とは、**Access VBAにない機能を外部のライブラリファイルから読み込んで利用するための設定**を指します。外部オブジェクトを保存しているライブラリファイルをあらかじめ読み込んでおき、VBAで利用できるようにします。たとえばFileDialogオブジェクトはAccess VBAにない機能ですが、「Microsoft Office Object Library」へ参照設定することで、外部オブジェクトであるFileDialogオブジェクトを利用できるようになります。

> **◎memo**
> 外部オブジェクトの利用は、参照設定を使用してあらかじめ外部ライブラリファイルを設定しておく**事前バインディング**と、コードを実行した時点でオブジェクトへの参照を行う**実行時バインディング**の2つの種類があります。事前バインディングと実行時バインディングについては「5-1　コンポーネントの利用」で解説します。

1-2 基本構文

ここではVBAでプログラム開発を行う上で頻繁に利用する、基本的な構文（ステートメント）について解説します。ステートメントは、プログラムの流れを制御します。ステートメントの働きを理解することで、より複雑な処理をプログラムに実行させることができるようになります。

分岐処理

分岐処理とは、条件式の真／偽、または変数やプロパティの値によって実行する処理を分岐させることです。たとえば、「A = 100」の条件式は、Aが100のときに真となり、それ以外は偽となります。このとき分岐処理で、Aが100のときに行う処理、Aが100でないときに行う処理に分岐させることができます。また、And演算子やOr演算子で条件式を組み合わせたり、分岐処理の中にさらに分岐処理を入れ子（ネスト）にすることもできます。主な分岐処理は次の通りです。

分岐処理の種類	内容
Ifステートメント	条件式の真／偽によって処理を分岐する
Select Caseステートメント	変数やプロパティの値によって処理を分岐する

●Ifステートメント

Ifステートメントは、ひとつの条件で処理を分岐させるものから複数の条件で処理を分岐させるものまで、さまざまな記述ができます。Ifステートメントの主な記述の方法は、次の通りです。

【ひとつの条件で処理を分岐する】

```
If 条件式 Then
    処理
End If
```

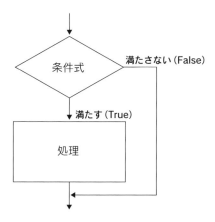

【ひとつの条件を満たしたときと満たさなかったときで処理を分岐する】

```
If 条件式 Then
    処理1
Else
    処理2
End If
```

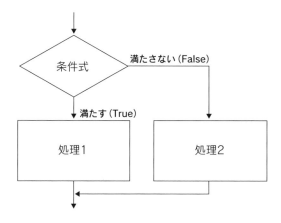

【複数の条件で処理を分岐する】

```
If 条件式1 Then
    処理1
ElseIf 条件式2 Then
    処理2
ElseIf 条件式3 Then
    処理3
    :
Else
    すべての条件を満たさなかったときの処理
End If
```

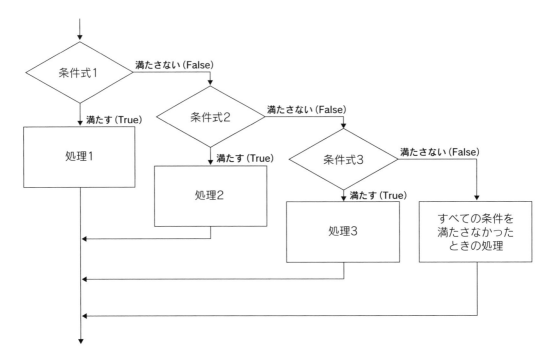

それでは実際に、コードを記述して動作を確認しましょう。

❶VBEのプロジェクトエクスプローラより「分岐処理」モジュールをダブルクリックします。

❷コードウィンドウに次のコードを記述してください。

```
Sub Test1()
    Dim MyValue As String
    MyValue = InputBox("数値を入力してください")
    If IsNumeric(MyValue) Then
        If MyValue = Int(MyValue) Then
            If MyValue > 0 Then
                MsgBox "入力された数値は正の整数です"
            ElseIf MyValue = 0 Then
                MsgBox "入力された数値は0です"
            Else
                MsgBox "入力された数値は負の整数です"
            End If
        Else
            MsgBox "入力された値は小数です"
        End If
    Else
        MsgBox "入力された値は数値ではありません"
    End If
End Sub
```

❸ コードを実行すると、ダイアログボックスが表示されるので「A」を入力します。すると「入力された値は数値ではありません」のメッセージが表示されます。

❹ 再度コードを実行し、今度は「1.5」を入力します。すると「入力された値は小数です」のメッセージが表示されます。

❺ 再度コードを実行し、今度は「−1」を入力します。すると「入力された値は負の整数です」のメッセージが表示され、正しく分岐処理が行われていることが分かります。

> **◆memo**
> Ifステートメントは「If 条件式 Then 処理」のように、1行で記述することができます。しかし特殊なケースを除いて、**Ifステートメントを1行で記述することは推奨しません**。それは、Ifステートメントを入れ子にする「ネスト構造（入れ子構造)」にしたとき、このネスト構造が分かりにくくなりエラーの原因になるからです。

● Select Case ステートメント

Select Case ステートメントは、ひとつの対象に対して繰り返し判断を行い、値に応じて処理を分岐させることができます。Select Case ステートメントの記述は、次の通りです。

【Select Case ステートメントを使用した分岐処理】

```
Select Case 条件判断の対象
Case 条件式1
    対象が条件式1を満たすときの処理
Case 条件式2
    対象が条件式2を満たすときの処理
Case 条件式3
    対象が条件式3を満たすときの処理
 :
Case Else
    対象がすべての条件を満たさなかったときの処理
End Select
```

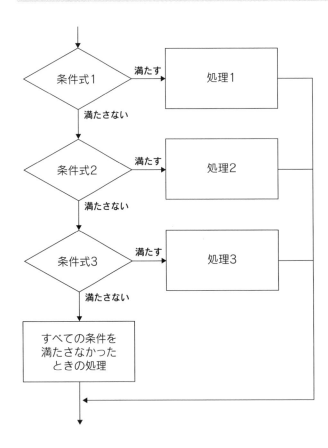

それでは実際に、コードを記述して動作を確認しましょう。

❶コードウィンドウに次のコードを追加してください。

```
Sub Test2()
    Dim MyValue As String
    MyValue = InputBox("1～3の数値を入力してください")
    Select Case MyValue
    Case 1
        MsgBox "入力された数値は1です"
    Case 2
        MsgBox "入力された数値は2です"
    Case 3
        MsgBox "入力された数値は3です"
    Case Else
        If IsNumeric(MyValue) Then
            If MyValue = Int(MyValue) Then
                MsgBox "1～3以外の整数が入力されました"
            Else
                MsgBox "小数が入力されました"
            End If
        Else
            MsgBox "入力された値は数値ではありません"
        End If
    End Select
End Sub
```

❷コードを実行すると、ダイアログボックスが表示されるので「1」を入力します。すると「入力された数値は1です」とメッセージが表示されます。

❸再度コードを実行し、今度は「1.5」を入力します。すると「小数が入力されました」のメッセージが表示されます。

❹再度コードを実行し、今度は「A」を入力します。すると「入力された値は数値ではありません」のメッセージが表示され、正しく分岐処理が行われていることが分かります。

「Case Else」節は必要に応じて記述します。**どの条件も満たさなかったとき**に処理を行う必要がなければ、記述を省略します。

繰り返し処理

繰り返し処理とは、決められた回数になるまで、またはある条件を満たすまでの間、プログラムに同じ処理を繰り返させることです。たとえば、ある処理を10回繰り返すという指定をしたり、ある変数の値が負の数になるまで繰り返すという指定をすることができます。なお、繰り返し処理は「ループ処理」とも呼ばれます。主な繰り返し処理は次の通りです。

繰り返し処理の種類	内容
For...Next ステートメント	決められた回数だけ処理を繰り返す
Do...Loop ステートメント	条件を満たすまで、または満たしている間繰り返す
For Each...Next ステートメント	配列やコレクションの要素の数だけ繰り返す

● For...Next ステートメント

For...Nextステートメントは、決められた回数だけ繰り返し処理をさせたいときに使用します。**カウンタ変数**と呼ばれる、繰り返した回数を格納する変数を一緒に用います。

For...Nextステートメントの記述は、次の通りです。

```
For カウンタ変数 = 初期値 To 最終値 （Step 加算値）
    繰り返し実行する処理
Next カウンタ変数
※ 「Step 加算値」の記述は省略可
```

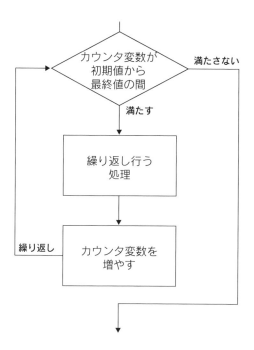

それでは実際に、コードを記述して動作を確認しましょう。

❶ VBEのプロジェクトエクスプローラより「繰り返し処理」モジュールをダブルクリックします。

❷ コードウィンドウに次のコードを記述してください。

```
Sub Test1()
    Dim i As Long
    Dim j As Long
    For i = 1 To 3
        For j = 10 To 14 Step 2
            Debug.Print "i=" & i & "/j=" & j
        Next j
    Next i
End Sub
```

❸ コードを実行する前にイミディエイトウィンドウを表示してください。コードを実行すると
イミディエイトウィンドウに、

```
i=1/j=10
i=1/j=12
i=1/j=14
i=2/j=10
i=2/j=12
i=2/j=14
i=3/j=10
i=3/j=12
i=3/j=14
```

と出力され、カウンタ変数の変化と繰り返し処理の順序が分かります。

> **● memo**
> Stepキーワードを使用すると、カウンタ変数の加算値を自由に設定できます。**Stepキーワードを省略した場合、加算値には自動的に「1」が設定**されます。

● Do...Loop ステートメント

Do...Loopステートメントは、ある条件を満たしている間や、ある条件を満たすまで、繰り返し処理を実行します。また、繰り返し条件を最初に判断する「実行前判断」と最後に判断する「実行後判断」で、動作が異なります。Do...Loopステートメントの記述は、次の通りです。

【実行前判断】

```
Do  (While または Until)  条件式
    繰り返し実行する処理
Loop
```

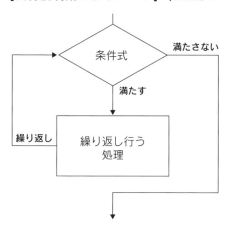

【実行前判断によるループ】（Whileループの場合）

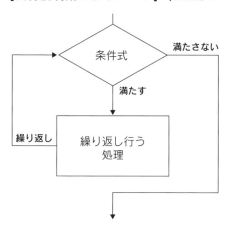

【実行後判断】

```
Do
    繰り返し実行する処理
Loop （While または Until）　条件式
```

【実行後判断によるループ】（Whileループの場合）

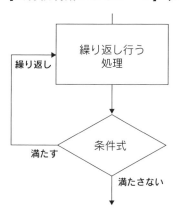

それでは実際に、コードを記述して動作を確認しましょう。

❶コードウィンドウに次のコードを追加してください。

```
Sub Test2()
    Dim MyLng As Long
    MyLng = InputBox("数値を入力してください")
    Do While MyLng > 0
        Debug.Print "Whileの前判断 " & MyLng
        MyLng = MyLng - 1
    Loop
    Do
        Debug.Print "Untilの後判断 " & MyLng
        MyLng = MyLng + 1
    Loop Until MyLng > 0
    Debug.Print "--------------------------------"
End Sub
```

❷コードを実行すると、ダイアログボックスが表示されるので「3」を入力します。するとイミディエイトウィンドウに

```
Whileの前判断 3
Whileの前判断 2
Whileの前判断 1
Untilの後判断 0
--------------------------------
```

と出力されます。変数「MyLng」の値が「3」のため、1つ目のDo...Loop ステートメントは3回ループ内の処理を実行しました。2つ目のDo...Loopステートメントは実行後判断のため、繰り返し条件を満たしていないにもかかわらず、ループ内の処理が一度実行されています。

❸再度コードを実行し、今度は「-3」を入力します。するとイミディエイトウィンドウに

```
Untilの後判断 -3
Untilの後判断 -2
Untilの後判断 -1
Untilの後判断 0
--------------------------------
```

と出力されます。1つ目のDo...Loop ステートメントが実行前判断のため、一度もループ内

の処理は実行されません。2つ目のDo...Loopステートメントでは、条件を満たすまで4回ル
ープ内の処理が実行されています。

● For Each...Next ステートメント

For Each...Nextステートメントは、配列やコレクションの要素に対して、同じ処理を繰り返し
ます。**要素変数**と呼ばれる、配列やコレクションの要素を一時的に格納する変数を一緒に用い
ます。

For Each...Nextステートメントの記述は、次の通りです。

```
For Each 要素変数 In 配列またはコレクション
    繰り返し実行する処理
Next 要素変数
```

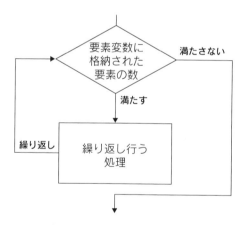

それでは実際に、コードを記述して動作を確認しましょう。

❶ VBEのプロジェクトエクスプローラより「Form_For Eachステートメント」モジュールをダ
  ブルクリックします。

❷ [btn1] ボタンのClickイベントプロシージャを作成してください。

❸ 作成したイベントプロシージャに次のコードを記述します。

```
Private Sub btn1_Click()
    Dim MyControl As Object
    For Each MyControl In Me.Controls
        If MyControl.ControlType = acTextBox Then
            MyControl.Value = ""
        End If
    Next MyControl
End Sub
```

❹ Accessに戻ると [For Eachステートメント] フォームがデザインビューで開いているので、
  保存して閉じます。

❺ [For Each ステートメント] フォームをフォームビューで開きます。

❻ [テキスト1]〜 [テキスト5] テキストボックスに適当な文字列を入力し、[すべてクリア]
  ボタンをクリックすると、すべてのテキストボックスの文字列が空文字列に置き換わります。

❼ 動作を確認したら [For Eachステートメント] フォームを閉じます。

> ◆memo
> 要素変数は、繰り返しの対象が配列の場合はバリアント型を、コレクションの場合はバリアン
> ト型またはオブジェクト型を指定します。
> コレクションについては、「2-4コレクション」で詳しく解説します。

その他

その他のステートメントの中でも、特に重要な2種類のステートメントについて解説します。

● With ステートメント

Withステートメントを使用すると、オブジェクト名の記述を省略することができます。オブジェクト名を省略して記述するには「.（ピリオド）」から記述します。Withステートメントの記述は次の通りです。

```
With 対象となるオブジェクト
    .オブジェクトに対する処理
End With
```

それでは実際に、コードを記述して動作を確認しましょう。

❶VBEのプロジェクトエクスプローラより「Form_Withステートメント」モジュールをダブルクリックします。

❷[btn1] ボタンのClickイベントプロシージャを作成してください。

❸作成したイベントプロシージャに次のコードを記述します。

```
Private Sub btn1_Click()
    With Me.txt1
        .BackColor = vbCyan
        .ForeColor = vbRed
        .FontBold = True
        .FontSize = 14
        .BorderWidth = 4
    End With
End Sub
```

❹Accessに戻ると [Withステートメント] フォームがデザインビューで開いているので、保存して閉じます。

❺[Withステートメント] フォームをフォームビューで開きます。

❻ ［txt1］テキストボックスに適当な文字列を入力し、［Withステートメントの使用］ボタンをク
リックすると、Withステートメントで記述した書式が［txt1］テキストボックスに設定されま
す。

❼ 動作を確認したら［Withステートメント］フォームを閉じます。

> **◆memo**
> ひとつのWithステートメントで指定できるオブジェクトはひとつだけです。複数のオブジェク
> トを、ひとつのWithステートメントで指定することはできません。

● Exit ステートメント

Exitステートメントを使用すると、プロシージャや繰り返し処理の途中で、処理を抜け出すこと
ができます。主に次の4つのExitステートメントが使われます。

【Exitステートメントの記述の仕方】

記述	抜け出す対象
Exit Do	Do...Loopステートメント
Exit For	For...Nextステートメント、For Each...Nextステートメント
Exit Sub	Subプロシージャ
Exit Function	Functionプロシージャ

それでは実際に、コードを記述して動作を確認しましょう。

❶ VBEのプロジェクトエクスプローラより「Exitステートメント」モジュールをダブルクリック
します。

❷ コードウィンドウに次のコードを記述してください。

```
Sub Test()
    Dim i As Long
    For i = 1 To 10
        If i = 2 Then
            Debug.Print "Exitステートメントが実行されました" & i
            Exit For
        End If
    Next i
```

```
    Do While i < 10
        If i = 3 Then
            Debug.Print "Exitステートメントが実行されました" & i
            Exit Do
        End If
        i = i + 1
    Loop
    i = 4
    Debug.Print "Exitステートメントが実行されました" & i
    Exit Sub
    i = 9
    Debug.Print "Exitステートメントが実行されました" & i
End Sub
```

コードを実行すると、イミディエイトウィンドウに

Exitステートメントが実行されました2
Exitステートメントが実行されました3
Exitステートメントが実行されました4

と出力されます。各Exitステートメントで、繰り返し処理を途中で抜けています。また最後に
Exit Subステートメントでプロシージャの処理を抜けているため、「i = 9」以降の処理は実行さ
れませんでした。

> **memo**
>
> For...Nextステートメントや、Do...Loopステートメントが入れ子になっている場合、「Exit For」
> または、「Exit Do」のあるループのひとつ外側のループに制御が移ります。これらのステート
> メントについては、「Access VBAベーシック」にて詳しく解説しています。

1-3 データベース設計

Accessで本格的な業務システムを開発する場合、データベース設計に関する知識が必須になります。ここでは、主キーやインデックス、リレーションシップなど、データベース設計に欠かせない重要な知識について解説していきます。

主キー

主キーは、レコードを一意に識別するために設定された、ひとつまたは複数のフィールドを指します。複数のフィールドを組み合わせて設定する主キーを特に「連結主キー」と呼びます。主キーとして設定するフィールドは、次の条件を満たしている必要があります。

- Null値が含まれていない（必ず値を持つ）
- 他のレコードと値が重複しない

なお主キーの設定は必須ではありませんが、レコードを効率的に管理するために**必ず設定する**ことを推奨します。

インデックス

インデックスは、膨大なデータから特定のレコードを高速に検索するために、フィールドに設定する索引です。インデックスは、主キーには自動的に設定されますが、その他のフィールドに設定する場合は手動で設定する必要があります。インデックスには次の特徴があります。

- インデックスが設定されたフィールドでは、並べ替え・検索などの処理時間が大幅に短縮される
- インデックスを固有（重複なし）にすることで、他のレコードと値が重複しないように設定できる

インデックスは主キーと同様に、複数のフィールドを組み合わせて設定することができます。

> **重要 !** インデックスを作成したテーブルのデータを更新すると、インデックス情報の更新という別の処理が発生し、データベースファイルのサイズも肥大化します。たくさんのインデックスを作成することで、**データベース全体の処理効率が落ちる**こともあるので注意が必要です。

適切なテーブルの分割／正規化

リレーショナルデータベースの設計をする上で重要な概念に、「テーブルの正規化」という概念があります。データベースを設計するときに、ひとつのテーブルにすべてのデータを集約させるのではなく、複数のテーブルにデータを分割し、お互いに連携しながら処理する方が効率的にデータベースを利用できます。正規化とは、テーブルの繰り返し項目を複数のテーブルに分割し、できるだけ単純に管理することを目的とした手法です。正規化には次のメリットがあります。

- 繰り返し項目を削除するため、データベースのサイズが小さくなる
- テーブルを分離するため、各テーブルの目的が明確になる
- データ更新など、データ管理が容易になる

正規化には一般的に、「第1正規化」から「第3正規化」までの3つの段階があります。一般的な正規化の手順は次の通りです。

> **非 正 規 形** 繰り返し項目を含むテーブル

第1正規化　繰り返し項目をなくす

> **第 1 正 規 形** 主キーの一部によって決まる項目を含むテーブル

第2正規化　主キーの一部によって決まる項目を他テーブルに分離する

> **第 2 正 規 形** 主キー以外の項目によって決まる項目を含むテーブル

第3正規化　主キー以外の項目によって決まる項目を含むテーブルを他テーブルに分離し、導出フィールドを削除する

> **第 3 正 規 形** 第3正規化されたテーブル

正規化の流れ、手順については、「Access VBAベーシック」にて詳しく解説しています。

リレーションシップとは

リレーションシップは、複数のテーブルに格納されているデータに関連性を持たせるための設定です。リレーショナルデータベースでは、データをテーブルに格納し、複数のテーブルを関連付けて管理します。この**複数のテーブルに共通するフィールド**で、**テーブルを関連付ける**ことをリレーションシップと呼びます。リレーションシップには次の3つの種類があります。

【一対一のリレーションシップ】
一方のテーブルと他方のテーブルのレコードが一対一で対応する

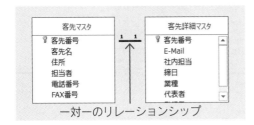

一対一のリレーションシップ

【一対多のリレーションシップ】
主キー側のテーブルの1レコードが多側テーブルの複数レコードに対応する。最も頻繁に使用されるリレーションシップ

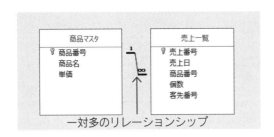

一対多のリレーションシップ

【多対多のリレーションシップ】

結合テーブルを介した２組の一対多のリレーションシップによって実現する

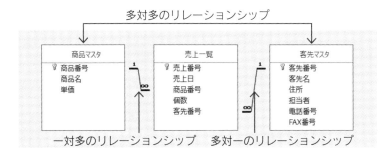

多対多のリレーションシップ

一対多のリレーションシップ　　多対一のリレーションシップ

結合の種類

リレーションシップによるテーブル間の結合の種類には、「内部結合」と「外部結合」があります。外部結合はさらに、「左外部結合」と「右外部結合」に分類されます。内部結合は結合された２つのフィールドで、共通する値のレコードのみを表示します。外部結合はどちらかのテーブルにあるレコードをすべて表示します。結合の種類の説明は次の通りです。

結合の種類	説明
内部結合	結合した２つのフィールドの間で、共通する値のレコードのみを表示する
左外部結合	結合した２つのフィールドの間で、左側のテーブルのすべてのレコードと右側のテーブルで共通する値のレコードをすべて表示する
右外部結合	結合した２つのフィールドの間で、右側のテーブルのすべてのレコードと左側のテーブルで共通する値のレコードをすべて表示する

ここでいう「左」と「右」は、テーブルの配置を指すものではありません。基本的に、一側のテーブルが「左側のテーブル」に、多側のテーブルが「右側のテーブル」になります。たとえば、[売上一覧] テーブルの [商品番号] フィールドと [商品マスタ] テーブルの [商品番号] フィールドにリレーションシップの設定をした場合、[商品マスタ] テーブルは「左」側のテーブルに、[売上一覧] テーブルは「右」側のテーブルになります。

【一側（左側）のテーブル】

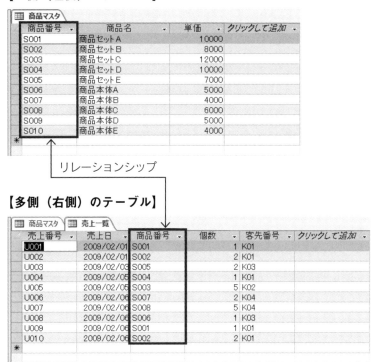

リレーションシップ

【多側（右側）のテーブル】

結合の種類については、「6-3　テーブルの結合」でも解説します。

> **memo**
>
> 他のテーブルの主キーと結ばれるフィールドを**外部キー**と呼びます。たとえば、先ほどの［売上一覧］テーブルの［商品番号］フィールドは、［商品マスタ］テーブルの主キーと結ばれているため、外部キーになります。

参照整合性とは

参照整合性は、リレーションシップを設定したテーブル間でデータの整合性を維持するための規則です。参照整合性を設定するには、2つの結合フィールドが次の条件を満たしている必要があります。

- 関連付ける2つのフィールドのうち、1つが主キーであること
- 同じデータ型であること
- 数値型フィールドの場合、同じフィールドサイズであること
- 関連付ける2つのテーブルが同じデータベース内にあること

ただし、2つのフィールドが同じ名前である必要はありません。

参照整合性を設定することで、次の規則が適用されます。

規則	説明
多側テーブルへのレコードの追加管理	一側テーブルの主キーにない値を、多側テーブルに入力できない
一側テーブルでの関連レコードの削除管理	一側テーブルのレコードを削除するとき、多側テーブルに関連付けられたレコードがある場合、削除できない
一側テーブルでの主キーの更新管理	一側テーブルの主キーの値を変更するとき、多側テーブルに関連付けられたレコードがある場合、変更できない

参照整合性を設定すると上記ルールが適用され、いかなる場合においても整合性が保たれるようになります。これでは実際の運用において不便を感じることがあります。その場合、「連鎖更新」と「連鎖削除」という機能を利用することで、これらの制限を緩和することができます。

● 連鎖更新
一側テーブルの主キーフィールドの更新が許可されます。更新した場合、多側テーブルの外部キーフィールドも自動的に更新されます。

● 連鎖削除
一側テーブルのレコードを削除するとき、関連付けられたレコードが多側テーブルにあっても、レコードの削除が許可されます。削除した場合、多側テーブルの関連レコードもすべて削除されるため注意が必要です。

それでは実際に、リレーションシップを設定して動作を確認しましょう。

❶Accessで [データベース ツール] タブ→ [リレーションシップ] ボタンをクリックします。「リレーションシップビュー」 が開きます。

❷[テーブルの表示] ダイアログボックスが表示されるので、[商品マスタ] テーブルと [売上一覧] テーブルを選択し、[追加] ボタンをクリックしたら、[閉じる] ボタンをクリックしてダイアログボックスを閉じます。

❸[売上一覧] テーブルの [商品番号] フィールドを [商品マスタ] テーブルの [商品番号] フィールドにドラッグアンドドロップします。

❹［リレーションシップ］ダイアログボックスが表示されるので［作成］ボタンをクリックします。

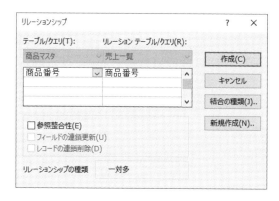

❺2つのテーブル間にリレーションシップが作成されました。

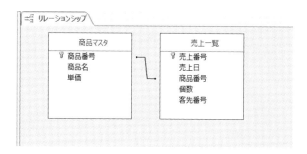

❻この状態で［商品マスタ］テーブルを開くと、各レコードに「サブデータシート」が作成されているのが分かります。

商品番号	商品名	単価	クリックして追加
⊞ S001	商品セットA	10000	
⊞ S002	商品セットB	8000	
⊞ S003	商品セットC	12000	
⊞ S004	商品セットD	10000	
⊞ S005	商品セットE	7000	
⊞ S006	商品本体A	5000	
⊞ S007	商品本体B	4000	
⊞ S008	商品本体C	6000	
⊞ S009	商品本体D	5000	
⊞ S010	商品本体E	4000	

サブデータシートは、リレーションシップが設定された2つのテーブルの一側のテーブルに自動的に追加されます。レコードの左側にある［+］ボタンをクリックすることでサブデータシートを展開できます。

リレーションシップが設定されていることを確認したら、[商品マスタ] テーブルを閉じます。

それでは次に、リレーションシップに参照整合性を設定してみましょう。

❶ リレーションシップを表す線をダブルクリックします。

❷ [リレーションシップ] ダイアログボックスが表示されるので、[参照整合性] [フィールドの連鎖更新] [レコードの連鎖削除] チェックボックスにチェックを入れ、[OK] ボタンをクリックします。

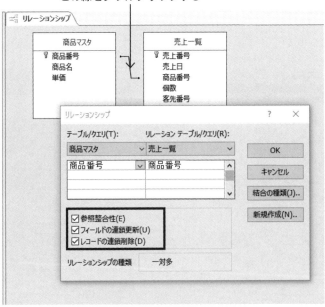

❸リレーションシップに参照整合性が設定されました。

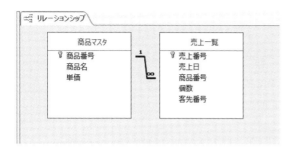

❹この状態で［商品マスタ］テーブルと［売上一覧］テーブルを開き、［商品マスタ］テーブルの［商品番号］フィールドが「S001」の値を「S011」に書き換えます。書き換えた後、カーソルを他のレコードに移して変更を確定させます。

値を変更する

変更したらカーソルを
他のレコードに移す

❺［売上一覧］テーブルを確認すると、［商品番号］フィールドが「S001」だったレコードが、すべて「S011」の値に更新されているのが分かります。これが連鎖更新です。

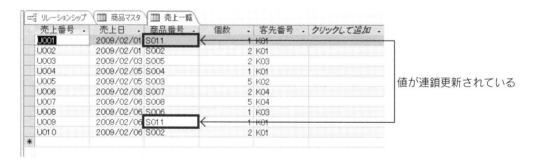

値が連鎖更新されている

❻次に、［商品マスタ］テーブルで先ほど書き換えた「S011」のレコードを削除します。削除の確認のメッセージが表示されるので、［はい］ボタンをクリックします。

❼ ［売上一覧］テーブルを確認すると、［商品番号］フィールドが「SO11」だったレコードが、すべて削除されているのが分かります。これが連鎖削除です。

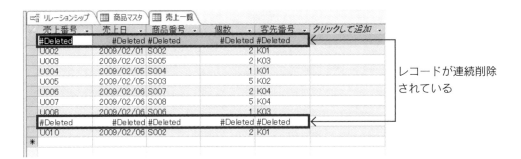

レコードが連続削除
されている

❽ 確認したら、［商品マスタ］テーブルと［売上一覧］テーブルを閉じます。リレーションシップビューを閉じるとき、保存を確認するメッセージが表示されるので［はい］ボタンをクリックします。

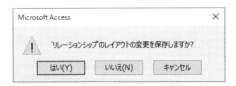

⚪memo
削除されたレコードに表示されている「#Deleted」の文字は、テーブルの表示を更新するか、いったんテーブルを閉じると表示されなくなります。

1-4 | 特殊なクエリ

クエリには、ウィザードやデザインビューで作成することができず、SQLステートメントを記述することによってのみ作成することができる「SQLクエリ」があります。SQLクエリは、クエリのSQLビューより作成します。SQLクエリの種類は次の通りです。

SQLクエリの種類	内容
ユニオンクエリ	複数のテーブルやクエリのレコードをひとつのクエリに結合して表示する
パススルークエリ	Microsoft SQL Serverなどのデータベースサーバに、SQLクエリやコマンドを直接送信する
データ定義クエリ	テーブルの作成、変更、削除、あるいはインデックスやリレーションシップの作成を行うために使用する

● ユニオンクエリ

ユニオンクエリを使うと、複数のテーブルやクエリのレコードをひとつのクエリにまとめて表示することができます。対象となるテーブルやクエリのレコードの構造は、すべて同じである必要があります。

● パススルークエリ

パススルークエリを使うと、外部のデータベースサーバに接続してSQLクエリを直接送信することができます。その場合、Access側ではSQLの文法チェックを行いません。そのため、接続先のデータベースサーバが持つ独自の文法を使ったSQLステートメントを実行することができます。

● データ定義クエリ

データ定義クエリを使うと、SQLステートメントを使用してテーブルの作成・削除や、フィールドの定義など、テーブル構造の変更を行うことができます。

> **memo**
>
> 本テキストではこれ以上詳しく、特殊なクエリの機能について取り上げません。ユニオンクエリ、データ定義クエリと同等の操作は、「6-3 テーブルの結合」「6-4 テーブル定義の変更」で解説します。また、外部のデータベースに接続する方法は、「7-1 ADO（ActiveX Data Object）とは」で解説します。

これで第 1 章の実習を終了します。実習ファイル「S01.accdb」を閉じ、Access を終了します。
[オブジェクトの保存] ダイアログボックスが表示されるので [はい] ボタンをクリックし、オ
ブジェクトの変更を保存します。

2

変数・配列・ユーザー
定義型・コレクション

この章では、プログラム内でデータを管理するさまざまな手
法である、変数や配列、ユーザー定義型などについて解説し
ます。

2-1 | 変数

変数は値（データ）を格納するためのメモリ上の領域です。プログラムの中で使用される値を書きとめておくメモ用紙のような働きをします。プログラムの中で何度も書き換える値や、一時的に保持したい値を格納するには、変数を使用します。変数には**適用範囲（スコープ）と呼ばれる参照可能な範囲**があります。また、**有効期間と呼ばれる値を格納しておける期間**が定められています。

変数の適用範囲と有効期間

変数の適用範囲とは、宣言した変数を参照するとき、プロジェクトのどこまで参照が可能であるかを表します。有効期間とは、変数に格納された値が初期化されずに値を保持しておける期間を指します。変数の適用範囲と有効期間は、変数を宣言する場所や宣言するステートメントによって異なります。

● 変数を宣言する場所

変数を宣言する場所には、**宣言セクション**と**プロシージャ内**があります。宣言セクションとは、モジュールの先頭から最初のプロシージャを記述するまでの領域を指します。宣言セクションにカーソルを移動するとコードウィンドウの［プロシージャ］ボックスに「Declarations」と表示されます。宣言セクションで宣言した変数は、パブリック変数またはモジュールレベル変数になります。また、プロシージャ内で宣言した変数は、プロシージャレベル変数（ローカル変数）になります。

● 変数を宣言するステートメント

変数を宣言するステートメントには、主に「Public」「Private」「Dim」の3つのステートメントがあります。変数の種類は、このステートメントと宣言をする場所の組み合わせによって異なります。主な変数の種類とその適用範囲は次の通りです。

変数の種類	宣言する場所	ステートメント	適用範囲
パブリック変数	標準モジュールの宣言セクション	Public	すべてのモジュールのすべてのプロシージャから参照できる
モジュールレベル変数	宣言セクション	Dim または Private	宣言されたモジュール内のすべてのプロシージャから参照できる
プロシージャレベル変数	プロシージャ内	Dim	宣言されたプロシージャ内からのみ参照できる

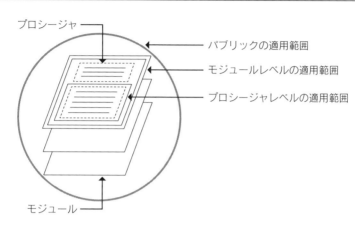

また、これらの変数の種類における有効期間は次の通りです。

変数の種類	有効期間
パブリック変数	モジュールに変更を加えたり、End ステートメントでプロシージャを終了したときに初期化される
モジュールレベル変数	パブリック変数と同じ
プロシージャレベル変数	プロシージャを終了するタイミングで初期化される

変数の種類にかかわらず、すべての変数はデータベースファイルが閉じるタイミングで初期化されます。

> **memo**
> コードの中に「End」と、End ステートメントを記述することで、呼び出し元のプロシージャを含めたすべてのコードの実行を強制終了することができます。またこのとき、すべての変数は初期化されます。なおコードをすぐに停止する必要がある場合を除き、End ステートメントの使用は推奨しません。

● 適切な適用範囲とは

実際にプログラム開発を行う上で、どの種類の変数を利用していけばよいのでしょう？たとえば、For...Next ステートメントで使用されるカウンタ変数「i」などは、多くのプロシージャで用いられています。この変数をその都度、宣言するのが面倒だからといってパブリック変数で定義して

もよいのでしょうか？確かにパブリック変数で宣言したカウンタ変数「i」は、どのプロシージャでも使用できます。しかし、「i」に格納された値はプロシージャ終了後も初期化されずに保持されます。もし、この値をカウンタ変数以外の目的で使用しているコードがあれば、開発者が予想もしない処理をプログラムが行う可能性があります。

このように、どこからでも書き換えられるパブリック変数は、必要なケースを除き、使用しない方が望ましいといえます。変数は、できる限り局所的である（適用範囲が狭い）方が理想です。パブリック変数、モジュールレベル変数は、どうしても複数のプロシージャで値を共有したいケースを除き、なるべく使用しないようにしましょう。

また、適用範囲は変数だけでなく、プロシージャや配列、ユーザー定義型、定数など、VBAのさまざまな部分で同じ概念を使用します。適用範囲は高度なシステムを開発する上で、必ず理解しておくべき概念です。

● 定数について

「Access VBAベーシック」にて、定数について解説しました。定数にも変数と同じく適用範囲が存在します。定数の適用範囲は変数と同じになります。主な定数の種類は次の通りです。

定数の種類	宣言する場所	ステートメント	適用範囲
パブリック定数	標準モジュールの宣言セクション	Public Const	すべてのモジュールのすべてのプロシージャから参照できる
モジュールレベル定数	宣言セクション	Const	宣言されたモジュール内のすべてのプロシージャから参照できる
プロシージャレベル定数	プロシージャ内	Const	宣言されたプロシージャ内からのみ参照できる

それでは実際に、コードを記述して変数の種類による動作の違いを確認してみましょう。

❶ 実習ファイル「S02.accdb」を開きます。

❷「変数1」モジュールをダブルクリックしてVBEを起動します。

❸ コードウィンドウに次のコードを記述してください。最初の2行は、宣言セクションに記述します。

```
Public StrPublic As String
Dim StrModule As String

Sub TestHensu()
    Dim StrLocal As String
    StrPublic = "パブリック変数です"
    StrModule = "モジュールレベル変数です"
    StrLocal = "プロシージャレベル変数です"
End Sub

Sub Test1()
    Dim StrLocal As String
    Call TestHensu
    Debug.Print StrPublic
    Debug.Print StrModule
    Debug.Print StrLocal
End Sub
```

❹コードを記述したら「Test1」プロシージャを実行します。コードを実行する前にイミディエイトウィンドウを表示しておきましょう。コードを実行すると、イミディエイトウィンドウに、

　　パブリック変数です
　　モジュールレベル変数です

と出力されます。「Test1」プロシージャの3行目「Call TestHensu」は、**Callステートメント**といって他のプロシージャを呼び出すことができるステートメントです。Callステートメントについては、「3-1　プロシージャ」で詳しく解説します。

ここで、「TestHensu」プロシージャが呼び出され、各変数に文字列を代入します。「TestHensu」プロシージャの処理が終わると、「Test1」プロシージャに処理が戻ります。続けてDebug.Printメソッドでイミディエイトウィンドウに各変数の値を出力します。

このとき、変数「StrLocal」はプロシージャレベルの変数のため、宣言されたプロシージャ以外では利用できません。つまり「TestHensu」プロシージャの変数「StrLocal」と「Test1」プロシージャの変数「StrLocal」はまったく別の変数です。「Test1」プロシージャ内で変数「StrLocal」には値が何も代入されていません。そのためイミディエイトウィンドウに変数「StrLocal」の値は出力されませんでした。

❺次に、プロジェクトエクスプローラから「変数2」モジュールをダブルクリックします。

❻コードウィンドウに次のコードを記述してください。最初の1行は、宣言セクションに記述します。

```
Dim StrModule As String

Sub Test2()
    Dim StrLocal As String
    Call TestHensu
    Debug.Print StrPublic
    Debug.Print StrModule
    Debug.Print StrLocal
End Sub
```

❼コードを記述したら「Test2」プロシージャを実行します。コードを実行すると、イミディエイトウィンドウに、

　　パブリック変数です

と出力されます。「Test2」プロシージャからも、先ほど同様「TestHensu」プロシージャを呼び出しています。このとき、変数「StrModule」はモジュールレベルの変数のため、宣言されたモジュール以外では利用できません。つまり「変数1」モジュールの変数「StrModule」と「変数2」モジュールの変数「StrModule」はまったく別の変数です。「変数2」モジュールにある変数「StrModule」には値が何も代入されていません。そのためイミディエイトウィンドウに変数「StrModule」の値は出力されません。また先ほど同様に変数「StrLocal」にも値が代入されていません。ですのでイミディエイトウィンドウには、変数「StrPublic」の値のみが出力されたのです。

静的変数とは

プロシージャレベル変数は、宣言されているプロシージャが終了すると同時に、格納していた値が初期化されました。この値を初期化せずに保持したいとき、**Staticステートメント**を使用します。Staticステートメントを使用して宣言された変数を**静的変数**と呼びます。静的変数の内容は次の通りです。

宣言する場所	ステートメント	有効期間
プロシージャ内	Static	パブリック変数と同じ

> **◆memo**
> 静的変数は、宣言セクションで宣言することはできません。したがって、パブリック変数やモジュールレベル変数を、静的変数として宣言することはできません。

それでは実際に、コードを記述して静的変数の動作を確認してみましょう。

❶ VBEのプロジェクトエクスプローラより「静的変数」モジュールをダブルクリックします。

❷ コードウィンドウに次のコードを記述してください。

```
Sub Test()
    Dim MyID As String
    MyID = InputBox("IDを入力してください", , MyID)
    If MyID <> "" Then
        MsgBox MyID & "さんが入力されました"
    End If
End Sub
```

❸ コードを実行すると、ダイアログボックスが表示されるので適当な文字列を入力してください。ここでは「安藤」と入力したとします。「安藤さんが入力されました」のメッセージが表示されます。

❹ 再度コードを実行すると、ダイアログボックスが表示されますが、先ほど入力した「安藤」の文字列は表示されません。［キャンセル］ボタンをクリックしてコードを終了します。

❺「Test」プロシージャの2行目を次のように書き換えてください。

```
    Static MyID As String
```

❻ 再度コードを実行し、今回も「安藤」と入力します。メッセージが表示されcoードの実行が終了します。

❼ さらにもう一度、コードを実行すると今度はダイアログボックスの初期値に、先ほど入力した「安藤」が表示されます。

「Dim」で宣言されていたプロシージャレベル変数「MyID」は、プロシージャが終了すると格納していた値が初期化されました。今回は「Static」で宣言したため、変数「MyID」は静的変数になっています。そのためプロシージャ終了後も、値は破棄されずに保持されました。

オブジェクト変数とは

変数には通常、数値や文字列などの値を格納します。オブジェクト変数とは、値の代わりに**オブジェクトへの参照**を格納することができます。オブジェクトへの参照を格納したオブジェクト変数は、そのオブジェクトと同じように扱うことができます。

● オブジェクト変数の宣言

オブジェクト変数の宣言には、**固有オブジェクト型**による宣言と、**総称オブジェクト型**による宣言があります。固有オブジェクト型による宣言では、具体的なオブジェクト名を指定して宣言します。総称オブジェクト型による宣言では、オブジェクトの種類を指定しないで宣言します。オブジェクトの型が分かっているときは固有オブジェクト型で、分からないときは総称オブジェクト型で宣言します。固有オブジェクト型で宣言した方がエラーを発見しやすく、少しですが実行速度が向上するというメリットがあります。

【固有オブジェクト型で宣言する例】

```
Dim オブジェクト変数 As Form
Dim オブジェクト変数 As Label
Dim オブジェクト変数 As TextBox
```

【総称オブジェクト型で宣言する例】

```
Dim オブジェクト変数 As Object
```

● Set ステートメント

オブジェクト変数にオブジェクトの参照を代入するには、**Set ステートメント**を使用します。Set ステートメントを使用した記述は次の通りです。

```
Set オブジェクト変数 = 参照するオブジェクト
```

memo

通常の変数に値を代入するときは何もいらないのに、なぜオブジェクト変数のときだけSetステートメントを使用するのか疑問に思う人もいるでしょう。実は、通常の変数に値を代入するときLetステートメントの「Let」の記述を省略しているのです。

```
Let 変数 = 代入する値
```

Letステートメントの「Let」の記述は、省略できるため通常は省略し「変数 = 代入する値」と記述します。しかしSetステートメントの「Set」の記述は省略できないため、オブジェクト変数を使う際には、必ず「Set」を記述します。

● Nothingキーワード

オブジェクト変数に代入したオブジェクトへの参照を解除したいときは、キーワード「Nothing」を代入します。また、オブジェクト変数がNothing であるかどうかを調べることで、オブジェクト変数にオブジェクトへの参照が代入されているかどうかを知ることができます。

【オブジェクトへの参照を解除する】

```
Set オブジェクト変数 = Nothing
```

【オブジェクトへの参照が代入されているかを調べる】

```
オブジェクト変数 Is Nothing
```

「Set オブジェクト変数 = Nothing」を実行すると、オブジェクトへの参照が解除され、オブジェクト変数が初期化されます。また、「オブジェクト変数 Is Nothing」の返す値がTrueならば、オブジェクトへの参照が代入されていません。Falseならば、代入されています。

それでは実際に、コードを記述してオブジェクト変数の動作を確認してみましょう。

❶VBEのプロジェクトエクスプローラより「オブジェクト変数」モジュールをダブルクリックします。

❷コードウィンドウに次のコードを記述してください。

side navigation: 2 変数・配列・ユーザー定義型・コレクション

```
Sub Test()
    Dim MyForm As Form
    DoCmd.OpenForm "Fオブジェクト変数"
    Set MyForm = Forms("Fオブジェクト変数")
    MyForm.詳細.BackColor = vbCyan
    MyForm.txt1.Value = "ABCDE"
    MyForm.txt2.Value = "GHIJK"
    If MsgBox("フォームを閉じますか", vbYesNo) = vbYes Then
        Set MyForm = Nothing
        If MyForm Is Nothing Then
            DoCmd.Close acForm, "Fオブジェクト変数"
        End If
    End If
End Sub
```

❸コードを実行すると、［Fオブジェクト変数］フォームが開き「フォームを閉じますか」のメッセージが表示されます。

オブジェクト変数として宣言した変数「MyForm」に

```
Set MyForm = Forms("Fオブジェクト変数")
```

で、［Fオブジェクト変数］フォームの参照を代入しています。あとは変数「MyForm」が「Forms("Fオブジェクト変数")」と同じ働きをします。詳細セクションの背景色やテキストボックスに値を代入した後、「フォームを閉じますか」のメッセージを表示します。

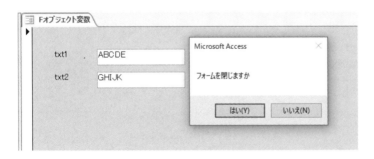

ここで［はい］ボタンをクリックすると、「Set MyForm = Nothing」でオブジェクトへの参照を解除します。そのため、次のIfステートメントの「MyForm Is Nothing」の条件式はTrueを返し、［Fオブジェクト変数］フォームを閉じる処理を実行します。

2-2 配列

変数はプログラム内で用いる値を、一時的に保存しておく「メモ用紙」のようなものと解説しました。しかし通常、変数にはひとつの値しか格納できません。

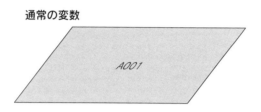

通常の変数

プログラムによっては、変数に複数の値を格納したいケースがあります。そのような場合、配列を用いることで**複数の値をひとつの変数に格納する**ことができるようになります。

配列とは

配列とは、メモ用紙を罫線で区切ったものと考えることができます。図のように罫線で区切った場合、一枚のメモ用紙に5つの値を格納することができます。これを**一次元配列**と呼びます。

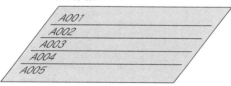

一次元の配列変数

さらに、次の図のように罫線で区切った場合、一枚のメモ用紙に25の値を格納することができます。これを**二次元配列**と呼びます。

二次元の配列変数

さらに次の図のように、複数の二次元配列のメモ用紙をひとつに綴じたものを、**三次元配列**と呼びます。

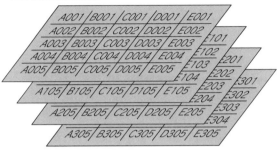

三次元の配列変数

このように、配列は最大60まで次元数を増やすことができます。なお、一次元配列に対して、二次元以上の配列のことを**多次元配列**と呼びます。また、このように配列を持つ変数のことを**配列変数**と呼びます。

● 配列の宣言
配列の宣言は、通常の変数の宣言の後に配列の要素数を設定します。配列変数の宣言の記述は次の通りです。

【配列変数を宣言する】

Dim 変数(配列の要素数-1) As データ型

【配列変数に値を代入する】

変数(インデックス番号) = 代入する値

配列に格納された複数の値は、番号が付けられ個々の領域に格納されます。このとき付けられる番号を**インデックス番号**と呼び、格納された個々の値を**要素**と呼びます。

配列のインデックス番号は、通常「0」から始まるため、1つ目の要素のインデックス番号は「0」になります。そのため、配列を宣言するとき「()（カッコ）」の中に設定する要素数は、実際の要素数から「1」を引いた数値になります。たとえば、要素数が「10」の一次元配列を宣言するには、「Dim 変数(9) As データ型」と宣言します。

● Option Base ステートメント
Option Baseステートメントを使用することで、配列のインデックス番号の最小値を「0」ではなく「1」に変更することができます。Option Baseステートメントは、**インデックス番号の最小値を「0」または「1」に設定**します。Option Baseステートメントの記述は次の通りです。

```
Option Base 最小値（0または1の数値）
```

なお、Option Baseステートメントは必ず宣言セクションに記述します。またOption Baseステートメントで設定したインデックス番号の最小値は、同一モジュール内のすべての配列変数に対して有効になります。

● Toキーワード

モジュール内のすべての配列変数ではなく、個々の配列変数ごとに最小値を設定したい場合、**Toキーワード**を使用します。Toキーワードを使用すると、インデックス番号の最小値を自由に設定することができます。Toキーワードの記述は次の通りです。

```
Dim 変数(最小値 To 最大値) As データ型
```

たとえば、「Dim 変数(5 To 10) As データ型」と配列変数を宣言した場合、この配列変数の要素の最小値は「5」に、最大値は「10」となり、要素数は「6」となります。

● 多次元配列の宣言

ここまでの説明は、すべて一次元配列を例にして解説しました。多次元配列を宣言する場合、次元数に応じてインデックス番号の最大値を「,（カンマ）」で区切ります。多次元配列の宣言は次の通りです。

【二次元配列の場合】

```
Dim 変数(1次元の要素数-1, 2次元の要素数-1) As データ型
```

【三次元配列の場合】

```
Dim 変数(1次元の要素数-1, 2次元の要素数-1, 3次元の要素数-1) As データ型
```

このように次元数に応じて、要素数から「1」を引いた数値を「,」で区切りながら指定します。多次元配列でも一次元配列と同じく、Option Baseステートメントや、Toキーワードを使用することができます。また配列変数は、通常の変数と同じくPublicステートメントやPrivateステートメントを用いて、適用範囲を指定することができます。

それでは実際に、コードを記述して配列変数の動作を確認してみましょう。

❶VBEのプロジェクトエクスプローラより「配列変数」モジュールをダブルクリックします。

❷コードウィンドウに次のコードを記述してください。

```
Sub Test1()
    Dim i As Long
    Dim MyArray(1 To 5) As String
    For i = 1 To 5
        MyArray(i) = i & "番目の要素"
    Next i
    For i = 1 To 5
        Debug.Print MyArray(i)
    Next i
End Sub
```

❸ コードを実行すると、イミディエイトウィンドウに次の結果が出力されます。

```
1番目の要素
2番目の要素
3番目の要素
4番目の要素
5番目の要素
```

配列変数「MyArray(1 To 5)」は、To キーワードを使用して5つの要素を「1」から「5」の
インデックス番号で宣言しています。最初の繰り返し処理で、5つの要素すべてに文字列を格
納しました。次の繰り返し処理で、格納されている文字列を順番に取り出し、イミディエイト
ウィンドウに出力しています。

❹ もうひとつ、コードを記述しましょう。

```
Sub Test2()
    Dim i As Long
    Dim j As Long
    Dim MyArray(2, 2) As String
    Dim MyStr As String
    For i = 0 To 2
        For j = 0 To 2
            MyArray(i, j) = i & "-" & j
        Next j
    Next i
```

```
    For i = 0 To 2
        For j = 0 To 2
            MyStr = MyStr & Space(2) & MyArray(i, j)
        Next j
        Debug.Print MyStr
        MyStr = ""
    Next i
End Sub
```

❺コードを実行すると、イミディエイトウィンドウに次の結果が出力されます。

```
0-0  0-1  0-2
1-0  1-1  1-2
2-0  2-1  2-2
```

配列変数「MyArray(2, 2)」は1次元に3つ、2次元に3つの要素を持つ二次元配列です。最初の繰り返し処理で、配列変数「MyArray」に要素を格納しました。このとき、イミディエイトウィンドウに出力されたように、行数「3」、列数「3」の表のイメージでデータが格納されています。

配列変数「MyArray」に格納されているデータ

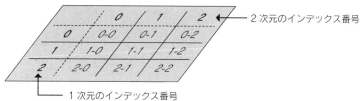

次の繰り返し処理で、格納されているデータを順番に取り出し、イミディエイトウィンドウに出力しています。

重要 多次元配列は非常に多くのメモリを使用します。Access VBAで三次元以上の配列を使用するケースはめったにありません。多次元配列を使用する際には、必要最小限の次元数に設定することを強く推奨します。

動的配列とは

配列は、宣言の仕方によって大きく**静的配列**と**動的配列**に分類できます。先ほど解説した配列はすべて静的配列になります。静的配列は、配列の宣言時に要素数を設定するため、要素の最大数があらかじめ分かっているときに使用します。反対に、配列の宣言時に要素の最大数が分からないケースがあります。この場合、**要素数は設定せずに配列の宣言のみ**行うことができます。これが動的配列です。

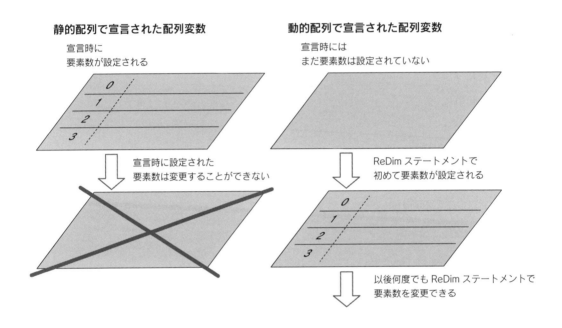

静的配列で宣言された配列変数

宣言時に
要素数が設定される

宣言時に設定された
要素数は変更することができない

動的配列で宣言された配列変数

宣言時には
まだ要素数は設定されていない

ReDim ステートメントで
初めて要素数が設定される

以後何度でも ReDim ステートメントで
要素数を変更できる

● 動的配列の宣言

動的配列では、宣言時に配列の要素数を設定しません。動的配列の宣言は次の通りです。

```
Dim 変数() As データ型
```

動的配列は、実際に使用する段階で**ReDim ステートメント**を用いて、要素数を設定する必要があります。ReDimステートメントの記述は次の通りです。

```
ReDim 変数(要素数-1)
```

このとき、要素数の設定は数値を直接指定するだけでなく、変数などを用いることが可能です。ここが、静的配列と動的配列の最も異なる部分です。静的配列の場合、プロシージャの中で変化する値や、ユーザーが任意に指定する値に対して、要素の最大数を対応させることができません。

たとえば繰り返し回数をユーザーが任意に指定できる処理の場合、繰り返し処理の中で用いる配列の要素の最大数は、実際にコードを実行してみないと分かりません。動的配列なら、ユーザーが指定した繰り返し回数を、要素の最大数としてReDimステートメントで設定することができます。

> **◆memo**
>
> 動的配列の要素数の変更は、一度きりではありません。ReDimステートメントを使用することで、何度でも配列の要素数を変更することができます。

● Preserveキーワード

ReDimステートメントで要素数を変更した場合、それまで格納されていた配列の値はすべて初期化されます。このとき、**Preserveキーワード**を使用することで、それまで格納されていた値を消すことなく、要素の最大数を変更することができます。Preserveキーワードの記述は次の通りです。

```
ReDim Preserve 変数(新しい要素数 - 1)
```

Preserveキーワードを使用して配列のサイズを大きくした場合、それまで格納されていた配列の値はすべて保持されます。配列のサイズを小さくした場合、削除された要素に格納されていた値は失われます。

重要 Preserveキーワードを多次元配列に使用した場合、要素数を変更できるのは最後の次元に限られます。また、Toキーワードを使用してインデックスの最小値と最大値を指定している場合、変更できるのは最大値に限られます。

それでは実際に、コードを記述して動的配列の動作を確認してみましょう。

❶VBEのプロジェクトエクスプローラより「動的配列」モジュールをダブルクリックします。

❷コードウィンドウに次のコードを記述してください。

```
Sub Test1()
    Dim MyArray() As String
    Dim MyLng As String
    Dim i As Long
    MyLng = InputBox("繰り返し回数を入力してください")
```

次ページへ続く

```
        If IsNumeric(MyLng) Then
            MyLng = MyLng - 1
            ReDim MyArray(MyLng)
            For i = 0 To MyLng
                MyArray(i) = i + 1 & "番目の要素です"
                Debug.Print MyArray(i)
            Next i
        End If
End Sub
```

❸コードを実行すると、ダイアログボックスが表示されるので数値の「3」を入力します。イミ
ディエイトウィンドウに次の結果が出力されます。

```
1番目の要素です
2番目の要素です
3番目の要素です
```

動的配列として宣言された配列変数「MyArray()」に、ReDim ステートメントで要素数を設定
しています。インデックス番号の最小値は「0」なので、ダイアログボックスに入力された数
値から「1」を引いた値を要素数として指定します。逆に表示するときは「i + 1 & "番目の
要素です"」と、インデックス番号に「1」を加算して出力しています。

❹再度実行し、「3」以外の正の整数を入力して動作を確認してください。

❺もうひとつ、コードを記述しましょう。

```
Sub Test2()
    Dim MyArray() As String
    Dim i As Long
    ReDim MyArray(1)
    For i = 0 To 1
        MyArray(i) = i + 1 & "番目の要素です"
    Next i
    ReDim MyArray(3)
    For i = 2 To 3
        MyArray(i) = i + 1 & "番目の追加要素です"
    Next i
    Debug.Print String(10, "-")
```

```
    For i = 0 To 3
        Debug.Print MyArray(i)
    Next i
    Debug.Print String(10, "-")
End Sub
```

❻コードを実行すると、イミディエイトウィンドウに次の結果が出力されます。

```
----------



    3番目の追加要素です
    4番目の追加要素です
----------
```

これは「ReDim MyArray(3)」でReDim ステートメントを実行したため、配列変数「MyArray(0),MyArray(1)」の値が初期化されてしまいました。そのため、イミディエイトウィンドウに出力された結果の1行目、2行目に何も出力されていません。

❼「Test2」プロシージャの8行目、「ReDim MyArray(3)」を次のように書き換えてください。

```
    ReDim Preserve MyArray(3)
```

❽再度コードを実行すると、今度はイミディエイトウィンドウに次の結果が出力されます。

```
----------
    1番目の要素です
    2番目の要素です
    3番目の追加要素です
    4番目の追加要素です
----------
```

今回はPreserveキーワードを使用したため、配列変数「MyArray(0),MyArray(1)」の値が初期化されませんでした。そのためイミディエイトウィンドウには、最初の繰り返し処理で格納した値がそのまま1行目、2行目に出力されました。

配列の初期化

配列を用いたプログラム開発で、配列に格納されている値を一気に初期化したいケースがあります。この場合、Eraseステートメントを使用することで、まとめて初期化（クリア）することが可能です。Eraseステートメントの記述は次の通りです。

Erase 配列変数

それでは実際に、コードを記述してEraseステートメントの動作を確認してみましょう。

❶VBEのプロジェクトエクスプローラより「配列の初期化」モジュールをダブルクリックします。

❷コードウィンドウに次のコードを記述してください。7行目はコメント化しておきます。

```
Sub Test()
    Dim i As Long
    Dim MyArray(1 To 3) As String
    For i = 1 To 3
        MyArray(i) = i & "番目の要素"
    Next i
    'Erase MyArray
    Debug.Print String(10, "-")
    For i = 1 To 3
        Debug.Print MyArray(i)
    Next i
    Debug.Print String(10, "-")
End Sub
```

❸コードを実行すると、イミディエイトウィンドウに次の結果が出力されます。

```
----------
1番目の要素
2番目の要素
3番目の要素
----------
```

❹「Test」プロシージャの7行目、「'Erase MyArray」の「'」を削除してください。

58

❺再度コードを実行すると、今度はイミディエイトウィンドウに次の結果が出力されます。

```
----------
```

```
----------
```

最初にコードを実行したときは、「'Erase MyArray」とEraseステートメントの処理がコメント化されていたため、配列変数「MyArray」の要素は初期化されず、イミディエイトウィンドウに出力されました。次にコードを実行したときは、「'Erase MyArray」の「'」を削除し、コメントから通常のステートメントに変更しています。そのためEraseステートメントが実行され、配列変数「MyArray」の要素が初期化されました。

なお、Eraseステートメントを使用しなくても、繰り返し処理などで配列の各要素に初期値を代入し、初期化を行うことができますが、Eraseステートメントを使用することで、簡単かつ確実に配列の初期化を行うことができます。

> **◆ memo**
> Eraseステートメントで配列を初期化する際、動的配列では値をクリアすると同時に使用していたメモリを解放します。静的配列では値のクリアは行いますがメモリの解放は行いません。

2-3 ユーザー定義型

配列は複数のデータを格納することができますが、格納される値は同じデータ型に限られます。ユーザー定義型を使用すると、**ひとつの変数に複数の異なるデータ型の値を格納する**ことが可能になります。

ユーザー定義型とは

ユーザー定義型とは文字通り、ユーザーが独自に型の定義を行うことができる機能です。ユーザー定義型では、任意の数の要素を設定できます。また各要素のデータ型を、それぞれ異なるデータ型に設定することもできます。

● Typeステートメント

ユーザー定義型は**Type ステートメント**を使用して定義します。またユーザー定義型の定義は、標準モジュールの宣言セクションで行います。Typeステートメントの記述は次の通りです。

```
Type ユーザー定義型名
    要素名1 As データ型1
    要素名2 As データ型2
    要素名3 As データ型3
      :
End Type
```

● ユーザー定義型の宣言

Typeステートメントでユーザー定義型を定義しただけでは、ユーザー定義型の変数は作成されません。ユーザー定義型の変数の宣言は通常の変数の宣言と同じですが、データ型の指定にTypeステートメントで定義したユーザー定義型名を指定します。宣言の記述は次の通りです。

```
Dim ユーザー定義型の変数 As ユーザー定義型名
```

また、ユーザー定義型の変数に値を設定・取得する構文は次の通りです。

| 値を設定する場合 | : | ユーザー定義型の変数. 要素名 = 値 |
| 値を取得する場合 | : | 変数 = ユーザー定義型の変数. 要素名 |

ユーザー定義型の変数は、通常の変数と同じくPublicステートメントやPrivateステートメントを用いて、適用範囲を指定することができます。Typeステートメントの適用範囲は、既定でパブリックになりますが、「Private Type」と指定することで他のモジュールから、そのユーザー定義型を参照できなくすることが可能です。また、ユーザー定義型の変数には、配列を持たせることもできます。

それでは実際に、コードを記述してユーザー定義型の動作を確認してみましょう。

❶VBEのプロジェクトエクスプローラより「ユーザー定義型」モジュールをダブルクリックします。

❷コードウィンドウに次のコードを記述してください。このコードは、宣言セクションに記述します。

```
Type SyainType
    社員番号 As Long
    部署コード As String
    社員名 As String
End Type
```

❸プロジェクトエクスプローラより「Form_Fユーザー定義型」モジュールをダブルクリックします。

❹次のイベントプロシージャを作成してください。このコードの最初の1行は、宣言セクションに記述します。

```
Dim MySyain() As SyainType

Private Sub Form_AfterUpdate()
    Static i As Long
    ReDim Preserve MySyain(i)
    MySyain(i).社員番号 = Me.txt1.Value
    MySyain(i).部署コード = Me.txt2.Value
    MySyain(i).社員名 = Me.txt3.Value
```

次ページへ続く

```
    i = i + 1
    Me.btn1.Enabled = True
End Sub


Private Sub btn1_Click()
    Dim i As Long
    Me.Lbl1.Caption = ""
    For i = 0 To UBound(MySyain)
        Me.Lbl1.Caption = Me.Lbl1.Caption & _
                MySyain(i).社員番号 & "," & _
                MySyain(i).部署コード & "," & _
                MySyain(i).社員名 & _
                vbCrLf
    Next i
End Sub
```

❺Accessの画面に戻ると［Fユーザー定義型］フォームがデザインビューで開いているので、保存して閉じます。

❻［Fユーザー定義型］フォームをフォームビューで開きます。フォームを開くと、テキストボックスに［T社員名簿］テーブルのデータが表示されます。

❼適当に2〜3件のデータを修正します。ここでは、「安藤照雄」「伊藤一郎」の後に「＊＊＊」を追加しています。［btn1］ボタンをクリックすると、［lbl1］ラベルに変更したレコードのデータが表示されます。

❽続けてデータを修正します。ここでは「宇野馬之介」「江口恵美子」の前に「＊＊＊＊＊＊」を追加しています。再度［btn1］ボタンをクリックすると、続けて修正したレコードが追加されているのが分かります。

「ユーザー定義型」モジュールで、「SyainType」ユーザー定義型を定義しました。ユーザー定義型の要素には、「社員番号」「部署コード」「社員名」を定義しています。

次に、［Fユーザー定義型］フォームのフォームモジュールに、モジュールレベル変数「MySyain」を先ほどのユーザー定義型で宣言しています。この変数には、動的配列を設定しています。

ここまでは、それぞれのモジュールの宣言セクションに記述しています。

次に、［Fユーザー定義型］フォームのAfterUpdateイベントプロシージャを作成します。ReDimステートメントでユーザー定義型の変数「MySyain」の配列の要素数を設定します。静的変数「i」は、AfterUpdateイベントプロシージャが処理されるごとに「i = i + 1」と「1」ずつ増加していきます。つまり1つレコードが更新されるたびに、ユーザー定義型の変数「MySyain(0)」「MySyain(1)」「MySyain(2)」…と配列を増やしていきます。またこのとき、Preserveキーワードを使用しているため、それまでに格納された値が初期化されません。

コードの4〜6行目で、ユーザー定義型の変数「MySyain」に定義された「社員番号」「部署コード」「社員名」の各要素に、フォームの［txt1］［txt2］［txt3］テキストボックスの値が代入されます。

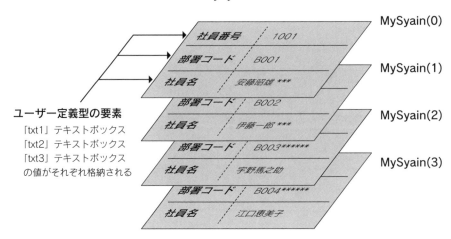

ユーザー定義型の変数「MySyain」に格納されているデータ

MySyain(0)

社員番号　1001

部署コード　B001

社員名　安藤昭雄 ***

ユーザー定義型の要素

「txt1」テキストボックス
「txt2」テキストボックス
「txt3」テキストボックス
の値がそれぞれ格納される

MySyain(1)

部署コード　B002

社員名　伊藤一郎 ***

MySyain(2)

部署コード　B003 ******

社員名　宇野馬之助

MySyain(3)

部署コード　B004 ******

社員名　江口恵美子

あとは、［btn1］ボタンのClickイベントプロシージャで、ユーザー定義型の変数「MySyain」に格納されている値をすべて［lbl1］ラベルに表示させます。このときUBound関数を使って配列のインデックス番号の最大値を取得し、繰り返し回数として使用しています。

2-4 | コレクション

コレクションを利用すると、同じ種類のオブジェクトに対して、一括して処理を行うことができます。

コレクションとは

コレクションとは、Accessが持っている**オブジェクトの集合**のことを指します。たとえば「Forms」というコレクションを使用すると、現在データベースで開いているフォームすべてに対して、一括処理をすることができます。コレクションにはたくさんの種類がありますが、主なコレクションは次の通りです。

主なコレクション	内容
Forms	現在開いているすべてのフォーム
Reports	現在開いているすべてのレポート
Printers	システムで使用可能なすべてのプリンタ
Me.Controls	フォーム・レポート上のすべてのコントロール
CurrentProject.AllForms	データベース内にあるすべてのフォーム
CurrentProject.AllReports	データベース内にあるすべてのレポート

これらのコレクションに対して一括処理を行うには、For Each...Nextステートメントを利用すると便利です。

それでは実際に、コードを記述してコレクションの動作を確認してみましょう。

❶ VBEのプロジェクトエクスプローラより「Form_F コレクション」モジュールをダブルクリックします。

❷ 次のイベントプロシージャを作成してください。

```
Private Sub Form_Load()
    Me.txt1.Value = "AAAAA"
```

次ページへ続く

```
        Me.txt2.Value = "BBBBB"
        Me.chk1.Value = True
        Me.frm1.Value = 1
        Me.cmb1.Value = "Value1"
End Sub


Private Sub btn1_Click()
        Dim c As Object
        For Each c In Me.Controls
            Select Case c.ControlType
            Case acTextBox, acComboBox
                c.Value = ""
            Case acCheckBox
                c.Value = False
            Case acOptionGroup
                c.Value = 0
            End Select
        Next c
End Sub
```

❸Accessの画面に戻ると［Fコレクション］フォームがデザインビューで開いているので、保存して閉じます。

❹［Fコレクション］フォームをフォームビューで開きます。フォームのLoadイベントプロシージャが実行され、各コントロールに値を設定します。

❺［btn1］ボタンをクリックすると、コントロールの値をクリアします。

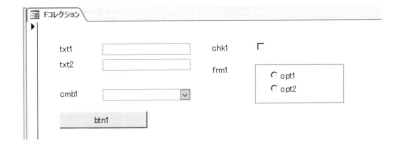

［btn1］ボタンのClickイベントプロシージャで、「Me.Controls」コレクションは、このフォームにあるすべてのコントロールの集まりです。For Each...Next ステートメントでコレクションの各要素に対し、値の初期化を繰り返しています。

❻もうひとつ、コードを記述しましょう。

```
Private Sub btn2_Click()
    Dim c As Object
    For Each c In Printers
        Me.txt3.Value = Me.txt3.Value & _
                c.DeviceName & _
                vbCrLf
    Next c
End Sub
```

❼[btn2] ボタンをクリックすると、[txt3] テキストボックスに現在のシステムで使用可能な
すべてのプリンタの名前を出力します。

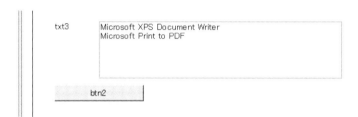

なお、このとき出力されるプリンタ名は、ローカルマシンの環境によって異なります。

> **◆memo**
>
> 「Forms」「Reports」「Printers」コレクションは、Applicationオブジェクトのメンバです。です
> ので本来は、「Application.Forms」のように記述するのですが、「Application.」の部分は省略す
> ることができるため、「Forms」と記述しても正しく処理が行われます。

これで第2章の実習を終了します。実習ファイル「S02.accdb」を閉じ、Accessを終了します。
[オブジェクトの保存] ダイアログボックスが表示されるので [はい] ボタンをクリックし、オ
ブジェクトの変更を保存します。

3

プロシージャ・
モジュール

ここでは、プロシージャからプロシージャを呼び出す方法や、
呼び出したプロシージャにデータを渡す方法、モジュールの
種類や、それぞれのモジュールの利用法などについて解説し
ます。

3-1 プロシージャ

プロシージャとは、プログラムを構成する最小単位です。プロシージャには、汎用的な処理を記述するための標準プロシージャや、特定のオブジェクトのイベントに関連付けられたイベントプロシージャなどがあります。

プロシージャの種類

プロシージャを作成するときは、目的に応じて使用するプロシージャを使い分けます。プロシージャの種類によって処理の内容や、記述するモジュールが異なるので注意が必要です。またプロシージャには変数同様、適用範囲（スコープ）があり、プロジェクトのどこまでプロシージャを呼び出すことが可能かを設定することができます。

● 標準プロシージャ

汎用的な処理を記述するプロシージャです。特定のイベントに関連付けられていません。**Subプロシージャ**と**Functionプロシージャ**の2種類があります。処理の結果を返す必要がない場合はSubプロシージャを、返す必要がある場合はFunctionプロシージャを使用します。標準プロシージャは、主に標準モジュールに記述しますが、フォームモジュール、レポートモジュール、クラスモジュールに記述することもできます。

● イベントプロシージャ

フォームやレポートのイベントによって実行する処理を記述するプロシージャです。イベントプロシージャは、すべてSubプロシージャになります。標準プロシージャと異なり、ユーザーが自由にプロシージャ名を変更したり、引数を設定したりすることはできません。イベントプロシージャは、対象となるフォームやレポートのフォームモジュール、レポートモジュールに記述します。

プロシージャの連携

プロシージャは、他のプロシージャを呼び出すことができます。プロシージャからプロシージャを呼び出すことにどのようなメリットがあるのでしょう。たとえばある会社では、社員の名前を書く際に必ず「社員名」の後に「役職」を付けて記述するという規則があるとします。この規則は、この会社で使用されるすべての文書に適用されます。つまり、この会社のシステムのいたるところで、この社員名の後に役職を付ける処理は必要になります。もし、この処理が必要なすべてのプロシージャに、同じ処理を記述したらどうなるでしょう?

● 開発に時間と労力がかかる

同じコードを何度も記述すれば、それだけコードの量が増えます。また、すべての箇所に正しくコードが記述されていることを確認しなければなりません。

● メンテナンス作業が増える

将来このルールが変更された場合、すべてのコードの該当箇所を変更しなければなりません。

このように同じ内容の処理を、複数のプロシージャに記述することは効率的ではありません。もしこの処理を、関数のようにどのプロシージャからでも呼び出すことのできる共通の処理にすることができれば、開発やメンテナンスにかかる時間や労力を大きく減らすことができます。しかし残念ながら、このような関数はVBAには用意されていません。そのためVBAでは、このような処理を「ユーザー独自の関数」として作成する機能が用意されています。プロシージャからプロシージャを呼び出すメリットとは、まさにこの**ユーザー独自の関数**を利用できるというメリットにほかなりません。

● Subプロシージャの呼び出し

Subプロシージャの呼び出しは、呼び出し元のプロシージャで呼び出し先のプロシージャの処理の結果を利用しないときに使用します。このとき、呼び出されるSubプロシージャを「サブルーチン」と呼ぶことがあります。Subプロシージャを呼び出すときは**Callステートメント**を使用します。Callステートメントの記述は、次の通りです。

```
Call プロシージャ名
または
Call プロシージャ名(引数)
```

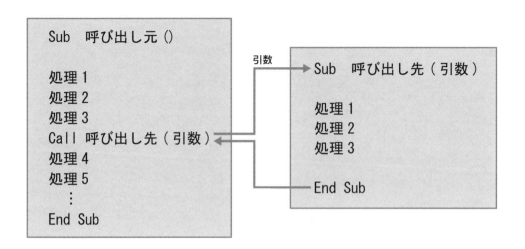

「引数」は、呼び出し先のプロシージャに渡す値のことです。引数については、本章の「引数と戻り値」で詳しく解説します。

それでは実際に、コードを記述してCallステートメントの動作について確認してみましょう。

❶実習ファイル「S03.accdb」を開きます。

❷「プロシージャの連携」モジュールをダブルクリックしてVBEを起動します。

❸コードウィンドウに次のコードを記述してください。

```
Sub Test1()
    Debug.Print "AAA"
    Debug.Print "BBB"
    Call Test2
End Sub

Sub Test2()
    Debug.Print "CCC"
    Debug.Print "DDD"
End Sub
```

❹コードを実行する前に、イミディエイトウィンドウを開いておきます。
「Test1」プロシージャを実行すると、

```
AAA
BBB
CCC
DDD
```

と、イミディエイトウィンドウに出力されます。これは「Test1」プロシージャの4行目、「Call Test2」で「Test2」プロシージャを呼び出しているためです。イミディエイトウィンドウに出力された結果の2行目「BBB」までは、「Test1」プロシージャの処理、3行目からは、「Test2」プロシージャで処理した結果になります。

❺もうひとつ、コードを記述しましょう。

```
Sub Test3()
    Call Test4("安藤")
    Call Test4("伊藤")
    Call Test4("宇野")
End Sub


Sub Test4(MyStr As String)
    Debug.Print MyStr & Space(1) & "様"
End Sub
```

「Test3」プロシージャを実行すると、

```
安藤 様
伊藤 様
宇野 様
```

と、イミディエイトウィンドウに出力されます。「Test3」プロシージャの2〜4行目までで3回、「Test4」プロシージャを呼び出しています。

◆memo

Callステートメントの「Call」は省略可能です。単にプロシージャ名を記述するだけでも、プロシージャを呼び出すことができます。その場合は、引数を「()（カッコ）」で囲みません。しかし、Callステートメントを省略すると処理の内容が分かりにくくなり、コードの可読性（読みやすさ）が下がります。Callの記述は、省略しないことを強く推奨します。

● Function プロシージャの呼び出し

Function プロシージャの呼び出しは、呼び出し元のプロシージャで呼び出し先のプロシージャの処理の結果を利用するときに使用します。このとき、呼び出される Function プロシージャを「ユーザー定義関数」と呼ぶことがあります。Function プロシージャを呼び出す記述は、次の通りです。

```
変数 = プロシージャ名()
または
変数 = プロシージャ名(引数)
```

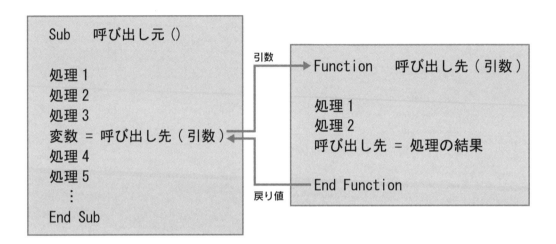

このとき変数に格納されるのは、Function プロシージャからの「戻り値」です。戻り値については、本章の「引数と戻り値」で詳しく解説します。

それでは実際に、コードを記述して Function プロシージャの呼び出しについて確認してみましょう。

❶ コードウィンドウに次のコードを記述してください。

```
Sub Test5()
    Dim MyStr As String
    MyStr = Func1()
    Debug.Print MyStr
    MyStr = Func2("安藤")
    Debug.Print MyStr
End Sub


Function Func1() As String
    Func1 = "Func1が呼び出されました"
End Function


Function Func2(MyStr As String) As String
    Func2 = MyStr & "の文字数は" & _
            Len(MyStr) & "文字です"
End Function
```

「Test5」プロシージャを実行すると、

　Func1が呼び出されました
　安藤の文字数は2文字です

と、イミディエイトウィンドウに出力されます。「Test5」プロシージャの3行目「MyStr = Func1()」で「Func1」プロシージャを呼び出しています。「Func1」プロシージャは、ただ「Func1が呼び出されました」の文字列を返すだけのプロシージャなので、返された文字列が変数「MyStr」に格納され、イミディエイトウィンドウに出力されます。

次に5行目「MyStr = Func2(" 安藤 ")」で「Func2」プロシージャを呼び出しています。「Func2」プロシージャは引数で渡された文字列の文字数を調べます。この場合「安藤」の文字列を渡したため、「安藤の文字数は2 文字です」の文字列が、処理の結果として返されました。

◆memo
他のプロシージャを呼び出す場合、呼び出し元（呼び出す側）のプロシージャを「親プロシージャ」と呼ぶことがあります。

引数と戻り値

引数とは、プロシージャを呼び出す際に、呼び出し先のプロシージャに渡される値です。**戻り値**とは、呼び出されたプロシージャの処理が終わった後、呼び出し元のプロシージャに返される値です。引数は、Subプロシージャ、Functionプロシージャともに渡すことができますが、戻り値はFunctionプロシージャしか返すことができません。また、引数は必要に応じて複数設定することができ、必要がなければ省略することも可能です。引数の記述は、次の通りです。

【引数を省略する場合】

```
Call プロシージャ名
または
変数 = プロシージャ名()
```

【ひとつの引数を渡す場合】

```
Call プロシージャ名（引数）
または
変数 = プロシージャ名（引数）
```

【複数の引数を渡す場合】

```
Call プロシージャ名（引数1，引数2，…）
または
変数 = プロシージャ名（引数1，引数2，…）
```

また、戻り値は変数に代入するだけではなく、オブジェクトのプロパティに代入したり、メソッドの引数に使用することもできます。戻り値を使用する主な記述は、次の通りです。

```
変数 = プロシージャ名(引数)
または
オブジェクト.プロパティ = プロシージャ名(引数)
または
オブジェクト.メソッド プロシージャ名(引数)
```

以上は、呼び出し元のプロシージャに対する記述です。これに対して、呼び出し先（呼び出される側）のプロシージャでは、引数や戻り値を使用できるようにあらかじめ設定しておく必要があります。呼び出し先プロシージャの記述は、次の通りです。

【呼び出し先がSubプロシージャの場合】

```
Sub プロシージャ名(引数 As データ型)
または
Sub プロシージャ名(引数1 As データ型, 引数2 As データ型, …)
```

【呼び出し先がFunctionプロシージャの場合】

```
Function プロシージャ名(引数 As データ型) As データ型
または
Function プロシージャ名(引数1 As データ型, 引数2 As データ型, …) As データ型
```

引数が必要ない場合は、引数を省略します。なお、データ型を省略するとバリアント型として処理されます。また**戻り値を返すには、Functionプロシージャのプロシージャ名に戻り値を代入する**必要があります。

> **memo**
> 複数の引数を渡す場合、渡す引数の数や順番およびデータ型は、呼び出し先プロシージャに設定されている引数の数や順番およびデータ型と、一致している必要があります。

では実際に、コードを記述して引数と戻り値の動作について確認してみましょう。

❶VBEのプロジェクトエクスプローラより「引数と戻り値」モジュールをダブルクリックします。

❷コードウィンドウに次のコードを記述してください。

```
Sub Test1()
    Debug.Print Func1("繰り返される文字", 5)
End Sub


Function Func1(MyStr As String, MyLng As Long) As String
    Dim i As Long
    Dim StrMsg As String
    For i = 1 To MyLng
        StrMsg = StrMsg & MyStr & vbCrLf
    Next i
    Func1 = StrMsg
End Function
```

「Test1」プロシージャを実行すると、

　繰り返される文字
　繰り返される文字
　繰り返される文字
　繰り返される文字
　繰り返される文字

と、イミディエイトウィンドウに出力されます。「Test1」プロシージャの2行目「Debug.
Print Func1(" 繰り返される文字", 5)」で「Func1」プロシージャを呼び出し、「繰り返される文字」という文字列と「5」の数値を引数として渡します。

「Func1」プロシージャでは、渡された文字列を引数「MyStr」に、数値を引数「MyLng」に格納します。引数「MyLng」はFor...Next ステートメントの終了値に使用されます。引数「MyStr」は、繰り返した回数分、変数「StrMsg」に格納されます。「Func1 = StrMsg」で変数「StrMsg」の値を「Func1」プロシージャの戻り値に代入しています。この後「Test1」プロシージャに処理が返り、「Func1」プロシージャの戻り値をイミディエイトウィンドウに出力します。

「Func1」プロシージャは、次のように記述することもできます。

```
Function Func1(MyStr As String, MyLng As Long) As String
    Dim i As Long
    For i = 1 To MyLng
        Func1 = Func1 & MyStr & vbCrLf
    Next i
End Function
```

Functionプロシージャのプロシージャ名は戻り値を格納できるため、変数と同じように使用することができます。そのため、わざわざ変数「StrMsg」を使用しなくても、「Func1」を代わりに使用することで、同じ処理を行うことができます。

> ◆memo
>
> 引数には他にも、「名前付き引数」として引数の値を指定する方法があります。この場合、呼び出し元のプロシージャで引数を指定する際に、
>
> 引数1:= 値1, 引数2:= 値2, …
>
> と記述します。このとき、「引数1」「引数2」には、呼び出し先のプロシージャで実際に設定されている引数名を使用します。また、名前付き引数を使用した場合、呼び出し先プロシージャの引数の順番通りに、引数を記述する必要はありません。

値渡しと参照渡し

ここまでは引数に値を使用して、呼び出し先のプロシージャに渡していました。引数には、値だけでなく、変数を使用することもできます。変数を引数に使用する場合、**値渡し**と**参照渡し**という2種類の渡し方があります。値渡しとは、変数に格納されているデータをコピーして、呼び出し先のプロシージャに渡します。参照渡しとは、変数をそのまま、呼び出し先のプロシージャに渡します。「値渡し」と「参照渡し」の違いは、次の通りです。

【値渡し】

値渡しは、変数のコピーを渡す

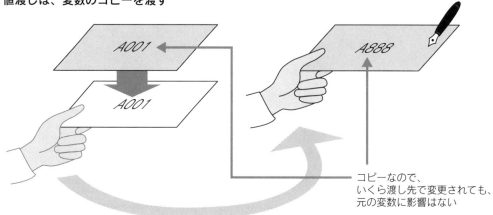

コピーなので、
いくら渡し先で変更されても、
元の変数に影響はない

【参照渡し】

参照渡しは、変数をそのまま渡す

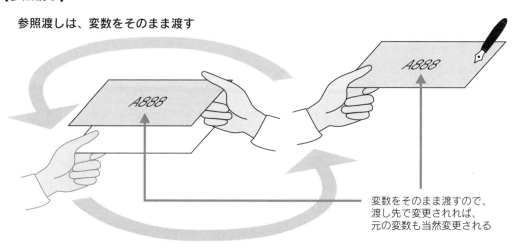

変数をそのまま渡すので、
渡し先で変更されれば、
元の変数も当然変更される

どちらの方法で値を渡すかは、呼び出し先プロシージャに「ByVal」「ByRef」キーワードを使用して指定します。**ByVal キーワード**を指定すると値渡しをします。**ByRef キーワード**を指定すると参照渡しをします。また「ByVal」「ByRef」キーワードの記述を省略した場合、参照渡しになります。「ByVal」「ByRef」キーワードの記述は、次の通りです。

```
Sub プロシージャ名(ByValまたはByRef 引数 As データ型)
または
Function プロシージャ名(ByValまたはByRef 引数 As データ型) As データ型
```

複数の引数に指定する場合は「,」で区切り、それぞれの引数に指定します。たとえば、

```
Sub Test(ByVal Dat1 As Long, ByRef Dat2 As Long)
```

の場合、「Test」プロシージャの引数「Dat1」は値渡しで、引数「Dat2」は参照渡しでデータが渡されます。

それでは実際に、コードを記述して値渡しと参照渡しの動作について確認してみましょう。

❶VBEのプロジェクトエクスプローラより「値渡しと参照渡し」モジュールをダブルクリックします。

❷コードウィンドウに次のコードを記述してください。

```
Sub Test1()
    Dim MyStr1 As String
    Dim MyStr2 As String
    MyStr1 = "AAA"
    MyStr2 = "BBB"
    Call Test2(MyStr1, MyStr2)
    Debug.Print MyStr1
    Debug.Print MyStr2
End Sub

Sub Test2(ByVal MyStr1 As String, ByRef MyStr2 As String)
    MyStr1 = MyStr1 & "***"
    MyStr2 = MyStr2 & "***"
End Sub
```

「Test1」プロシージャを実行すると、

    AAA
    BBB***

と、イミディエイトウィンドウに出力されます。「Test1」プロシージャの変数「MyStr1」は値渡しで、変数「MyStr2」は参照渡しで、「Test2」プロシージャに渡されます。「Test2」プロシージャでは、引数の末尾に「＊＊＊」の文字列を追加する処理を行います。「Test1」プロシージャに処理が戻り、変数の値をイミディエイトウィンドウに出力させると、値渡しをした変数「MyStr1」の値は「AAA」のままですが、参照渡しをした変数「MyStr2」の値は「BBB＊＊＊」と変更されていることが分かります。

このように変数を値渡ししたときは、呼び出し先で行われた処理が、呼び出し元の変数に影響することはありませんが、参照渡しをしたときは、呼び出し先で行われた処理が、呼び出し元の変数に反映されます。

> **◆memo**
> 「Test1」「Test2」プロシージャでは理解しやすくするために、呼び出し元プロシージャの変数「MyStr1」「MyStr2」と、呼び出し先プロシージャの引数「MyStr1」「MyStr2」を同じ名前にしましたが、**引数として渡す変数名と、渡される先の引数名は同一である必要はありません。** 変数名と異なる引数名を使用しても、動作に変わりはありません。

Optional キーワードを使用することで引数を、**省略可能な引数**にすることができます。Optional キーワードの記述は、次の通りです。

```
Sub プロシージャ名(Optional 引数 As データ型 = 初期値)
または
Function プロシージャ名(Optional 引数 As データ型 = 初期値) As データ型
```

このとき引数を、値渡しまたは参照渡しにする指定を行うには、Optional キーワードの後ろにByVal キーワードまたは ByRef キーワードを記述します。

初期値は、引数が省略されたときに使用される値を指定します。初期値を省略すると、そのデータ型の初期値が引数の値になります。また複数の引数がある場合、Optional キーワードを指定した引数以降の引数には、すべて Optional キーワードを指定する必要があります。

それでは実際に、コードを記述して Optional キーワードの動作について確認してみましょう。

❶ コードウィンドウに次のコードを記述してください。

```
Sub Test3()
    Debug.Print Func1("AAA")
    Debug.Print Func1()
End Sub


Function Func1(Optional ByVal MyStr As String = "BBB")
    Func1 = MyStr & "***"
End Function
```

「Test3」プロシージャを実行すると、

```
AAA***
BBB***
```

と、イミディエイトウィンドウに出力されます。「Test3」プロシージャの2行目は、引数を指定して「Func1」プロシージャを呼び出しています。「Func1」プロシージャは、引数の末尾に「＊＊＊」の文字列を追加する処理を行い、その結果を返します。そのため、「AAA＊＊＊」がイミディエイトウィンドウに出力されました。

「Test3」プロシージャの3行目では、引数を省略して「Func1」プロシージャを呼び出しています。この場合、Optionalキーワードで指定した初期値の「BBB」が引数「MyStr」の値となり、「BBB＊＊＊」の文字列が戻り値として返され、イミディエイトウィンドウに出力されます。

配列やユーザー定義型を引数で渡す

配列変数やユーザー定義型の変数の中身を、そのまま引数として渡すことができます。

● 配列変数を引数として渡す

配列変数を引数として渡す記述は、次の通りです。

【呼び出し元のプロシージャ】

```
Call プロシージャ名(配列変数)
```

【呼び出し先のプロシージャ】

```
Sub プロシージャ名(ByRef 配列変数() As データ型)
```

配列変数の次元数は、一次元でも多次元でもかまいません。また静的配列でも動的配列でも同様に動作します。ただし、引数を渡す方法は**必ず参照渡し**になります。したがってこの場合、ByValキーワードを使用することはできません。

それでは実際に、コードを記述して配列変数を引数で渡す動作について確認してみましょう。

❶VBEのプロジェクトエクスプローラより「配列を渡す」モジュールをダブルクリックします。

❷コードウィンドウに次のコードを記述してください。

```
Sub Test1()
    Dim MyStr(2) As String
    Dim i As Long
    For i = 0 To 2
        MyStr(i) = "配列の要素" & i + 1
    Next i
    Call Test2(MyStr)
End Sub


Sub Test2(ByRef MyStr() As String)
    Dim v As Variant
    For Each v In MyStr
        Debug.Print v
    Next v
End Sub
```

「Test1」プロシージャを実行すると、

配列の要素1
配列の要素2
配列の要素3

と、イミディエイトウィンドウに出力されます。「Test1」プロシージャで作成した配列変数「MyStr」に、3つの要素を格納します。コードの7行目「Call Test2(MyStr)」で、「Test2」プロシージャを呼び出し、配列変数「MyStr」を引数として渡します。

「Test2」プロシージャでは、渡された配列変数の「MyStr」を「ByRef MyStr() As String」で、配列として引数に格納します。後は、繰り返し処理で引数「MyStr」に格納されている配列のすべての要素をイミディエイトウィンドウに出力します。

> **◆memo**
>
> 配列の中身を値渡しにするときは、いったんVariant型変数に配列の中身を格納します。引数に
> は配列変数ではなく、配列を格納したVariant型変数を使用します。
> たとえば、
>
> ```
> Dim MyStr(1) As String
> Dim MyVar As Variant
> MyVar = MyStr
> Call Test(MyVar)
> ```
>
> 呼び出し元のプロシージャで、Variant 型変数「MyVar」に配列変数「MyStr」の中身を格納し
> た後、「Test」プロシージャを呼び出し、Variant型変数「MyVar」を引数として渡します。
>
> ```
> Sub Test(ByVal MyVar As Variant)
> ```
>
> 呼び出し先の「Test」プロシージャでは、渡された引数をVariant型の配列として引数「MyVar」
> に格納します。こうすることで、配列変数「MyStr」の中身を値渡しすることができます。

● ユーザー定義型の変数を引数として渡す

ユーザー定義型の変数を引数として渡す記述は、次の通りです。

【呼び出し元のプロシージャ】

```
Call プロシージャ名(ユーザー定義型の変数)
```

【呼び出し先のプロシージャ】

```
Sub プロシージャ名(ByRef ユーザー定義型の変数 As ユーザー定義型)
```

ユーザー定義型の変数を引数として渡す場合、**必ず参照渡し**になります。したがってこの場合、
ByValキーワードを使用することはできません。

それでは実際に、コードを記述してユーザー定義型の変数を引数で渡す動作について確認してみ
ましょう。

❶VBEのプロジェクトエクスプローラより「ユーザー定義型を渡す」モジュールをダブルクリ
　ックします。

❷コードウィンドウに次のコードを記述してください。最初の1～5行は、宣言セクションに記
　述します。

```
Type MyType
    Namae As String
    Kingaku As Long
    Hiduke As Date
End Type


Sub Test1()
    Dim MyMemo As MyType
    MyMemo.Namae = "安藤"
    MyMemo.Kingaku = 10000
    MyMemo.Hiduke = #3/31/2019#
    Call Test2(MyMemo)
End Sub


Sub Test2(ByRef MyMemo As MyType)
    Dim MyStr As String
    MyStr = MyMemo.Hiduke & "、" & _
            MyMemo.Namae & "氏に" & _
            MyMemo.Kingaku & "円貸した"
    Debug.Print MyStr
End Sub
```

「Test1」プロシージャを実行すると、

2019/03/31、安藤氏に10000円貸した

と、イミディエイトウィンドウに出力されます。「Test1」プロシージャでユーザー定義型の
変数「MyMemo」を宣言し、要素に値を格納しています。コードの6行目「Call
Test2(MyMemo)」で、「Test2」プロシージャを呼び出し、ユーザー定義型の変数「MyMemo」
を引数として渡します。

「Test2」プロシージャでは、渡されたユーザー定義型の変数「MyMemo」を「ByRef
MyMemo As MyType」で、ユーザー定義型の変数として引数に格納します。後は、引数
「MyMemo」に格納されている要素の値を変数「MyStr」に代入し、イミディエイトウィンド
ウに出力します。

> **memo**
> ユーザー定義型の変数を値渡しにするときは、ユーザー定義型の変数の要素をひとつずつ、引数として渡す必要があります。

プロシージャの適用範囲

プロシージャには変数同様、適用範囲があります。適用範囲を設定することで、プロシージャを呼び出すことのできる範囲を制限することができます。標準モジュールで、「Public Sub」または「Public Function」と、先頭に**Publicキーワード**を記述して作成したプロシージャ、またはPublicキーワードを省略して作成したプロシージャは、すべてのモジュールのすべてのプロシージャから呼び出すことができます。「Private Sub」または「Private Function」と、先頭に**Privateキーワード**を付けた場合、同一モジュールにあるプロシージャからのみ、呼び出すことができるようになります。また標準モジュール以外に作成したプロシージャは、Public／Privateキーワードの記述に関係なく、他のモジュールのプロシージャから呼び出すことはできません。

【標準モジュール1】 【標準モジュール2】

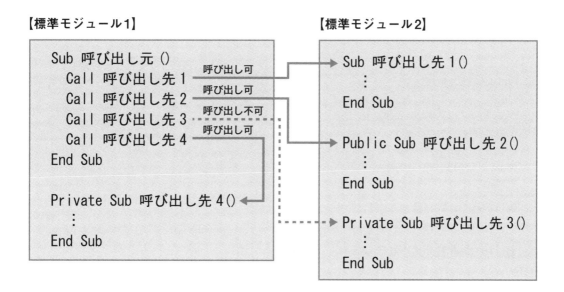

それでは実際に、コードを記述してプロシージャの適用範囲の動作について確認してみましょう。

❶VBEのプロジェクトエクスプローラより「適用範囲1」モジュールをダブルクリックします。

❷コードウィンドウに次のコードを記述してください。

```
Sub Test1()
    Call CallTest1
    Call CallTest2
    Call CallTest3
End Sub


Sub CallTest1()
    Debug.Print "CallTest1が呼び出されました"
End Sub


Public Sub CallTest2()
    Debug.Print "CallTest2が呼び出されました"
End Sub


Private Sub CallTest3()
    Debug.Print "CallTest3が呼び出されました"
End Sub
```

「Test1」プロシージャを実行すると、

```
CallTest1 が呼び出されました
CallTest2 が呼び出されました
CallTest3 が呼び出されました
```

と、イミディエイトウィンドウに出力されます。「Test1」プロシージャから呼び出されているプロシージャは、すべて同じモジュール上に存在します。そのため、Publicキーワード、Privateキーワードの有無にかかわらず、すべて呼び出すことができます。

❸呼び出し先のプロシージャを他のモジュールに移動して、さらに動作を確認してみましょう。
「適用範囲1」モジュールの「CallTest1」～「CallTest3」プロシージャを選択し、切り取り
ます。

❹プロジェクトエクスプローラより「適用範囲2」モジュールをダブルクリックします。

❺コードウィンドウに切り取ったコードを貼り付けてください。

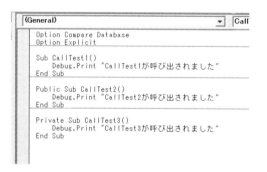

❻「適用範囲1」モジュールにある「Test1」プロシージャを実行します。

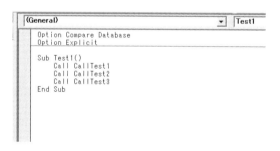

❼コードを実行すると図のメッセージが表示されるので、[OK] ボタンをクリックします。

❽中断モードになっているため、[標準ツールバー] の [リセット] ボタンをクリックし、コードの実行を終了させます。

「CallTest3」プロシージャは、Private キーワードを使用しているため、他のモジュールから参照できません。「適用範囲1」モジュールから、「適用範囲2」モジュールにある、Private のプロシージャを呼び出そうとしたため、コンパイルエラーが発生しました。

❾「Test1」プロシージャのコードを、次のように変更します。

```
Sub Test1()
    Call CallTest1
    Call CallTest2
'    Call CallTest3
End Sub
```

❿再度、「Test1」プロシージャを実行します。

「Call CallTest3」のステートメントをコメントにしたため、今度はエラーは発生しません。イミディエイトウィンドウに、

```
CallTest1 が呼び出されました
CallTest2 が呼び出されました
```

と、出力されます。「CallTest1」「CallTest2」プロシージャは、Private キーワードを使用していないため、他のモジュールから呼び出すことができます。

3-2 モジュール

モジュールは、プロシージャを記述・格納するためのオブジェクトです。モジュールには、標準プロシージャを記述するための標準モジュールや、フォーム・レポートに関連付けられたイベントプロシージャを記述するためのフォームモジュール、レポートモジュールがあります。

モジュールの種類

モジュールの種類によって、作成することのできるプロシージャの種類や、プログラムにおけるプロシージャの働きが異なります。プロシージャとモジュールの関係についてみていきましょう。

● 標準モジュール

汎用的に処理される、標準プロシージャを格納します。標準モジュールに記述されたプロシージャは、Privateキーワードを使用しない限り、どのモジュールからでも参照することができます。また、パブリック変数の宣言やユーザー定義型の定義は、標準モジュールの宣言セクションにて行います。

● フォームモジュール・レポートモジュール

フォーム・レポートおよび、そのコントロールに関連付けられたイベントプロシージャを格納します。イベントプロシージャが作成できるのは、対象となるオブジェクトのフォームモジュール・レポートモジュールのみです。また、ここに標準プロシージャを作成した場合、他のモジュールからは参照ができません。そのオブジェクトだけで使用する共通した処理がある場合に、ここに標準プロシージャを作成します。

モジュールの作成・削除

モジュールの作成・削除の方法はモジュールの種類によって異なります。またモジュールの作成・削除には、さまざまな方法があるので、ここでは代表的な方法について解説します。

● 標準モジュール

標準モジュールは、プログラム開発の必要に応じて自由に作成・削除することができます。

● 作成する場合

Accessの画面から、リボンの［作成］タブ→［マクロとコード］グループ→［標準モジュール］
ボタンをクリックします。

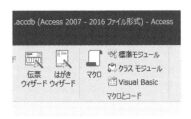

またはVBEのプロジェクトエクスプローラ内で右クリック、ショートカットメニューの中から
［挿入］をポイントして、［標準モジュール］を選択します。

● 削除する場合

Accessの画面から、ナビゲーションウィンドウ内にある、対象となる標準モジュールを右クリ
ックして、ショートカットメニューの中から［削除］を選択します。

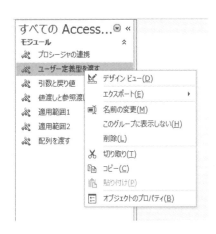

または、VBEのプロジェクトエクスプローラ内にある、対象となる標準モジュールを右クリックして、ショートカットメニューの中から［○○の解放］（○○はモジュール名）を選択します。

図のメッセージが表示されるので、［いいえ］ボタンをクリックします。

● フォームモジュール・レポートモジュール

フォームモジュール、レポートモジュールは、元になるフォームオブジェクト、レポートオブジェクトの一部です。新規にフォームやレポートを作成すると、自動的に作成されます。

● 作成する場合

Accessの画面から、リボンの［作成］タブ→［フォーム］グループ→［フォームデザイン］ボタンをクリックして新規フォームを作成します。このまま保存しても、VBEのプロジェクトエクスプローラに新規作成したフォームのアイコンが表示されません。

以下の方法で、プロジェクトエクスプローラに表示させることができるようになります。Accessのデザインビューで、新規作成したフォームまたはフォーム上のコントロールを右クリックし、ショートカットメニューから［イベントのビルド］を選択します。図のダイアログボックスが表示されるので、［コード ビルダー］を選択して［OK］ボタンをクリックします。

新規作成したフォームのアイコンがプロジェクトエクスプローラに追加され、コードウィンドウに選択したコントロールの最もよく使うイベントプロシージャの枠組みが入力されます。

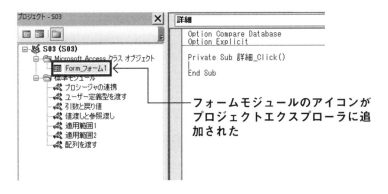

フォームモジュールのアイコンがプロジェクトエクスプローラに追加された

または、リボンの［デザイン］タブ→［ツール］グループ→［コードの表示］ボタンをクリックします。

［コードの表示］ボタン

新規作成したフォームのアイコンがプロジェクトエクスプローラに追加され、コードウィンドウが表示されます。

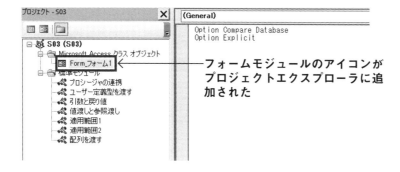

フォームモジュールのアイコンが
プロジェクトエクスプローラに追
加された

● 削除する場合

Accessの画面から、対象となるフォームをデザインビューで開き、フォーム自身を選択します。
プロパティシートの［その他］タブで［コード保持］プロパティを［いいえ］にします。

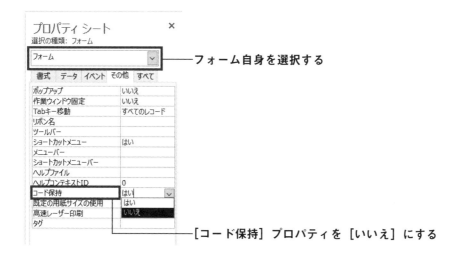

フォーム自身を選択する

［コード保持］プロパティを［いいえ］にする

図のメッセージが表示されるので、［はい］ボタンをクリックします。

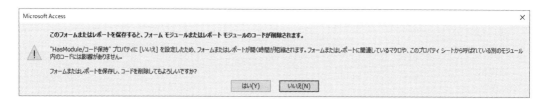

フォームを保存して閉じると、対象フォームのフォームモジュールのすべてのコードが削除され、
プロジェクトエクスプローラのアイコンが非表示になります。実際にコードが削除されるタイミ
ングは、対象フォーム・レポートを**保存して閉じたとき**です。保存せずに閉じた場合、コード
は削除されません。なお、このとき削除されるのは、あくまでコードのみで、フォーム・レポー
トそのものは削除されません。

レポートモジュールの作成・削除は、前述の「フォーム」の記述を「レポート」に置き換えます。

● モジュールの名前

標準モジュール、クラスモジュールの名前は、AccessのナビゲーションウィンドウまたはVBE
のプロパティウィンドウから、自由に変更することができます。その場合、種類の異なるモジュ
ールであっても、モジュール名を重複させることはできないので注意してください。

フォームモジュール、レポートモジュールの名前は、「Form_ フォーム名」「Report_ レポート名」
になります。ユーザーが自由に名前を変更することはできません。

異なる標準モジュールに同じ名前のプロシージャを作成した場合、「モジュール名.プロシージ
ャ名」と記述してプロシージャを呼び出します。しかし特殊なケースを除いて、同じ名前のプ
ロシージャを複数のモジュールに作成することは推奨しません。

モジュールのエクスポート／インポート

モジュールをエクスポートすることで、**データベースファイルとは異なるファイル**として保
存することができます。また、エクスポートして保存したファイルは、異なるデータベースファ
イルにインポートして利用することができます。

● モジュールのエクスポート

モジュールをエクスポートするには、VBEのプロジェクトエクスプローラより、対象となるモ
ジュールのアイコンを右クリックし、ショートカットメニューより［ファイルのエクスポート］
を選択します。図のダイアログボックスが表示されるので、ファイルの保存先とファイル名を指
定し［保存］ボタンをクリックします。

指定された場所に、エクスポートされたファイルが保存されます。

ここでエクスポートされるファイルの種類は、次の通りです。

モジュールの種類	ファイルの種類
標準モジュール	拡張子「bas」のファイル
フォーム・レポートモジュール	拡張子「cls」のファイル

● モジュールのインポート

モジュールをインポートするには、VBEのプロジェクトエクスプローラ内で右クリックして、ショートカットメニューより［ファイルのインポート］を選択します。図のダイアログボックスが表示されるので、保存されたフォルダにあるファイルを選択し、［開く］ボタンをクリックします。

選択されたファイルが、インポートされます。

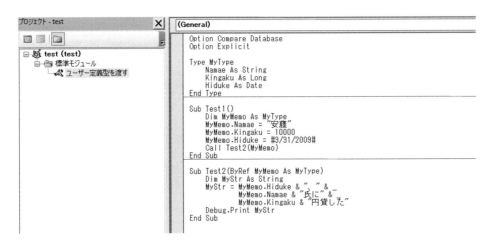

> **memo**
>
> Accessの画面からフォームオブジェクト・レポートオブジェクトをインポート／エクスポートした場合、対象となるフォームオブジェクト・レポートオブジェクトのモジュールに記述されているコードも一緒に、インポート／エクスポートされます。

これで第3章の実習を終了します。実習ファイル「S03.accdb」を閉じ、Accessを終了します。［オブジェクトの保存］ダイアログボックスが表示されるので［はい］ボタンをクリックし、オブジェクトの変更を保存します。

4

フォームとレポートの
操作

ここでは、フォームとレポートの操作やフォーム・レポート
に配置されたサブフォーム・サブレポートの操作、さらに複
数のフォーム間で処理を連携する場合の操作について解説し
ます。

4-1 フォーム・レポートの操作

フォーム・レポートは、Accessで作られたシステムをユーザーが操作するための、インターフェイスを提供します。完成度の高いシステムをユーザーに提供するためには、フォームやレポートの操作について熟知している必要があります。

フォーム・レポートを参照する構文

「Access VBAベーシック」でも解説しましたが、フォーム・レポートをVBAから操作するには、各オブジェクトの参照方法について理解している必要があります。フォーム・レポートを参照する構文は、コードを記述するモジュールが、対象となるオブジェクトのモジュールか、それ以外のモジュールかによって異なります。

【対象となるオブジェクトのモジュールから参照する場合】

```
Me.メソッドまたはプロパティ
```

【それ以外のモジュールから参照する場合】

```
Forms("フォーム名").メソッドまたはプロパティ
または
Reports("レポート名").メソッドまたはプロパティ
```

フォーム・レポート上に配置されたコントロールを参照する場合は、次のように記述します。

【対象となるオブジェクトのモジュールからコントロールを参照する場合】

```
Me.コントロール名.メソッドまたはプロパティ
```

【それ以外のモジュールからコントロールを参照する場合】

```
Forms("フォーム名").コントロール名.メソッドまたはプロパティ
または
Reports("レポート名").コントロール名.メソッドまたはプロパティ
```

対象となるオブジェクトのモジュールからコントロールを参照する場合、**Me キーワード**を省略することができます。たとえば、「Me.txt1.Value = "AAA"」を「txt1.Value = "AAA"」と記述しても、対象となるオブジェクトにある [txt1] テキストボックスの値を書き換えます。

対象となるオブジェクトのモジュール以外から参照する場合、さまざまな記述の仕方があります。

参照対象	構文
フォーム・レポート	Forms! フォーム名
	Forms![フォーム名]
	Forms. フォーム名
コントロール	Forms! フォーム名 ! コントロール名
	Forms(" フォーム名 ")(" コントロール名 ")
	Forms(" フォーム名 ").Controls(" コントロール名 ")

レポートについては、「Forms」を「Reports」に、「フォーム名」を「レポート名」に置き換えます。どの構文で記述しなければならないというルールはありませんが、同じプロジェクト内では、できるだけ記述を統一した方が、可読性が上がりメンテナンスが容易になります。また、フォーム名・レポート名の中にスペースが含まれる場合、「" "（ダブルクォーテーション)」もしくは「[ ]（角かっこ)」で囲む必要があります。

それでは実際に、コードを記述して動作を確認してみましょう。

❶実習ファイル「S04.accdb」を開きます。

❷「F フォーム」モジュールをダブルクリックして VBE を起動します。

❸コードウィンドウに次のコードを記述してください。

```
Sub FormTest()
    Dim c As Object
    Forms("Fフォーム").txt3.Value = "標準モジュール"
    MsgBox "標準モジュールから参照"
    For Each c In Forms("Fフォーム").Controls
        If c.ControlType = acTextBox Then
            c.Value = ""
        End If
    Next c
End Sub
```

❹ プロジェクトエクスプローラから「Form_Fフォーム」モジュールをダブルクリックします。

❺ 次のイベントプロシージャを作成してください。

```
Private Sub btn1_Click()
    Me.txt1.Value = "フォームモジュール"
    txt2.Value = "フォームモジュール"
    MsgBox "「FormTest」プロシージャを呼び出します"
    Call FormTest
End Sub
```

❻ Accessに戻ると [Fフォーム] フォームが、デザインビューで開いているので保存して閉じます。

❼ [Fフォーム] フォームをフォームビューで開きます。

❽ [Fフォーム] フォームにある [btn1] ボタンをクリックすると、「btn1_Click」イベントプロシージャが実行されます。

コードの2行目、3行目で [Fフォーム] フォーム上の [txt1] [txt2] テキストボックスの値を文字列に置き換えています。コードの3行目では「txt2.Value」と、Meキーワードを省略していますが、Meキーワードを省略していない2行目と同じ処理を行います。

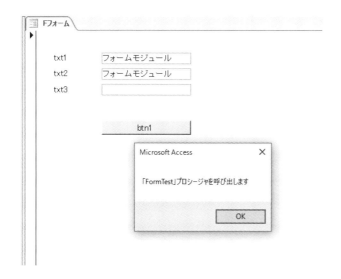

❾ メッセージの [OK] ボタンをクリックすると、コードの5行目「Call FormTest」で「FormTest」プロシージャを呼び出します。

このプロシージャは、標準モジュールに作成されているので、Meキーワードは使えません。

```
Forms("F フォーム").txt3.Value = " 標準モジュール"
```

と、フォーム名を明示して [txt3] テキストボックスの値を文字列に置き換えます。

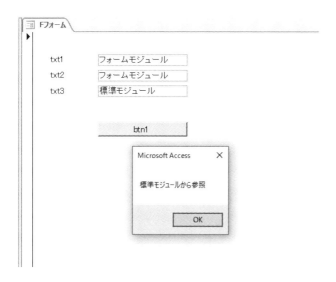

その後、繰り返し処理により [F フォーム] フォームにあるすべてのコントロールから、テキストボックスのみ値を初期化して終了します。

❿ [F フォーム] フォームを閉じてください。

4-2 | サブフォーム・サブレポートの操作

サブフォーム・サブレポートとは、フォーム・レポート内に配置されたフォーム・レポートを指します。このとき、**元になるフォームを「メインフォーム」、その中に配置されたフォームを「サブフォーム」**と呼びます。サブフォームはメインフォーム同様、VBAから参照・操作することができます。

サブフォーム・サブレポートを参照する構文

フォーム・レポート内に配置されたサブフォーム・サブレポートを参照する場合は、次のように記述します。

【対象となるオブジェクトのモジュールから参照する場合】

```
Me.サブフォーム名.Form.メソッドまたはプロパティ
Me.サブレポート名.Report.メソッドまたはプロパティ
```

【それ以外のモジュールから参照する場合】

```
Forms("フォーム名").サブフォーム名.Form.メソッドまたはプロパティ
Reports("レポート名").サブレポート名.Report.メソッドまたはプロパティ
```

サブフォーム・サブレポート上に配置されたコントロールを参照する場合は、次のように記述します。

【対象となるオブジェクトのモジュールからコントロールを参照する場合】

```
Me.サブフォーム名.Form.コントロール名.メソッドまたはプロパティ
Me.サブレポート名.Report.コントロール名.メソッドまたはプロパティ
```

【それ以外のモジュールからコントロールを参照する場合】

```
Forms("フォーム名").サブフォーム名.Form.コントロール名.メソッドまたはプロパティ
Reports("レポート名").サブレポート名.Report.コントロール名.メソッドまたはプロパティ
```

> 重要 ここでいう「サブフォーム名」は、メインフォームに配置された**サブフォームコント**
> **ロールの名前**です。サブフォームコントロールが参照する、サブフォームそのものの
> 名前ではないので注意してください。これらの名前はサブフォームコントロールのプ
> ロパティで確認できます。
>   サブフォームコントロールの名前：[名前] プロパティの設定値
>   サブフォームの名前：[ソースオブジェクト] プロパティの設定値
> サブフォームコントロールとサブフォームの名前が同じ場合は問題ありませんが、名
> 前が異なる場合はサブフォームコントロールの名前を使用してください。サブレポー
> トも同様になります。

サブフォーム・サブレポートからメインフォーム・メインレポートを参照する場合は、サブフォーム・サブレポートのモジュールに次のように記述します。

【メインフォーム・メインレポートを参照する場合】

```
Me.Parent.メソッドまたはプロパティ
```

【メインフォーム・メインレポートのコントロールを参照する場合】

```
Me.Parent.コントロール名.メソッドまたはプロパティ
```

このとき「Me」はサブフォーム・サブレポートを指します。Parentプロパティは指定されたオブジェクトの親オブジェクトを返すプロパティなので、ここではサブフォーム・サブレポートが配置されたメインフォーム・メインレポートを参照します。

それでは実際に、コードを記述して動作を確認してみましょう。

❶VBEのプロジェクトエクスプローラより「Form_Fサブ1メイン」モジュールをダブルクリックします。

❷次のイベントプロシージャを作成してください。

```
Private Sub btn1_Click()
    Me.txt1.Value = "メインフォームから参照メイン"
    Me.sub1.Form.txt1.Value = "メインフォームから参照サブ"
End Sub
```

❸次に、VBEのプロジェクトエクスプローラより「Form_F サブ1サブ」モジュールをダブルクリックします。

❹次のイベントプロシージャを作成してください。

```
Private Sub btn1_Click()
    Me.txt1.Value = "サブフォームから参照サブ"
    Me.Parent.txt1.Value = "サブフォームから参照メイン"
End Sub
```

❺Accessに戻ると［Fサブ1メイン］フォーム、［Fサブ1サブ］フォームが、デザインビューで開いているので保存して閉じます。

❻［Fサブ1メイン］フォームをフォームビューで開きます。

❼［Fサブ1メイン］フォームにある［btn1］ボタンをクリックします。

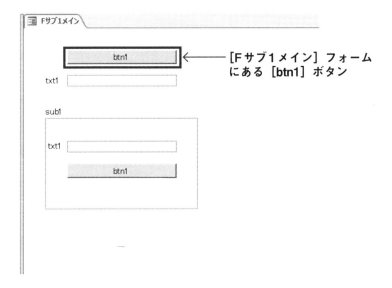

メインフォームである［Fサブ1メイン］フォームと、サブフォームである［Fサブ1サブ］には、同じ名前の［txt1］テキストボックスが配置されています。

［Fサブ1メイン］フォームから実行された「btn1_Click」イベントプロシージャの「Me.txt1.Value」はメインフォームにある［txt1］テキストボックスを参照し、「Me.sub1.Form.txt1.Value」はサブフォームにある［txt1］テキストボックスを参照します。そのため、次の図のようにテキストボックスの値が書き換えられます。

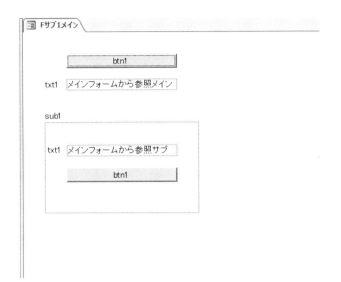

❽次に、サブフォームにある［btn1］ボタンをクリックします。

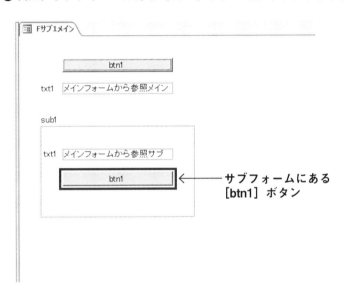

サブフォームにある
[btn1] ボタン

［Fサブ1サブ］フォームから実行された「btn1_Click」イベントプロシージャの「Me.txt1.
Value」はサブフォームにある［txt1］テキストボックスを参照し、「Me.Parent.txt1.Value」
はメインフォームにある［txt1］テキストボックスを参照します。そのため次の図のようにテ
キストボックスの値が書き換えられます。

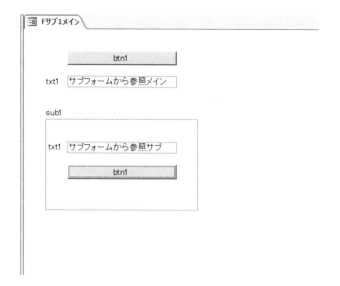

❾「Fサブ1メイン」フォームを閉じてください。

もうひとつ、コードを記述しましょう。

❶VBEのプロジェクトエクスプローラより「Form_Fサブ2メイン」モジュールをダブルクリックします。

❷次のイベントプロシージャを作成してください。

```
Private Sub frm1_AfterUpdate()
    DoCmd.Echo False
    Me.sub1.Form.FilterOn = False
    Select Case Me.frm1.Value
    Case Me.opt1.OptionValue
        Me.sub1.Form.Filter = "部署コード = 'B001'"
    Case Me.opt2.OptionValue
        Me.sub1.Form.Filter = "部署コード = 'B002'"
    Case Me.opt3.OptionValue
        Me.sub1.Form.Filter = "部署コード = 'B003'"
    Case Me.opt4.OptionValue
        Me.sub1.Form.Filter = "部署コード = 'B004'"
    Case Me.opt5.OptionValue
        Me.sub1.Form.Filter = "部署コード = 'B005'"
    Case Me.opt6.OptionValue
```

```
        Me.sub1.Form.Filter = ""
    End Select
    Me.sub1.Form.FilterOn = True
    DoCmd.Echo True
End Sub
```

❸Accessに戻ると［Fサブ2メイン］フォームが、デザインビューで開いているので保存して
閉じます。

❹［Fサブ2メイン］フォームをフォームビューで開きます。

❺［Fサブ2メイン］フォームにある［B001］オプションボタンをクリックします。［B001］～
［ALL］オプションボタンのコントロール名は次の図の通りです。

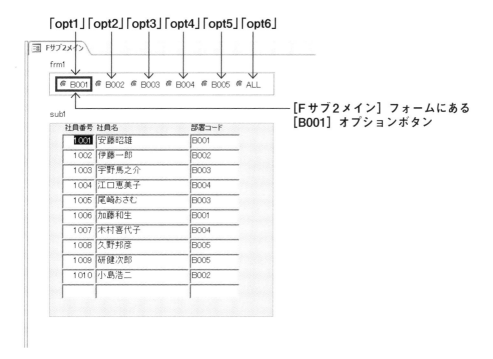

「opt1」「opt2」「opt3」「opt4」「opt5」「opt6」

[Fサブ2メイン] フォームにある
[B001] オプションボタン

［frm1］オプショングループの値が変更されたため、「frm1_AfterUpdate」イベントプロシー
ジャが実行されます。コードの3行目「Me.sub1.Form.FilterOn = False」で、サブフォーム
のフィルタの適用を解除します。次にSelect Caseステートメントで、選択したオプションボ
タンによりサブフォームのFilterプロパティを変更しています。その後、「Me.sub1.Form.
FilterOn = True」で、再びサブフォームにフィルタを適用して終了します。

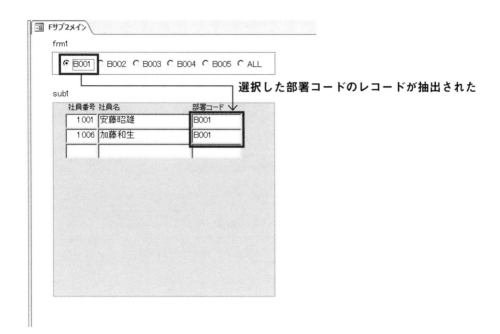

オプションボタンの選択を変更して動作を確認してください。なおコードの始めと終わりに
「DoCmd.Echo」メソッドが使用されているのは、フィルタの適用・解除で画面がちらつくの
を防ぐためです。

❻ [Fサブ2メイン] フォームを閉じてください。

4-3 フォーム間の連携

実際のシステム開発では、ひとつのフォームにすべての機能を持たせるのではなく、複数のフォームに機能を分散し、必要に応じてフォームからフォームを呼び出して処理を行うケースが多くあります。ここでは、複数のフォームで処理を連携させる方法について解説します。

フォームからフォームを開く

フォームからフォームを開くには、**DoCmd オブジェクトの OpenForm メソッド**を使用します。複数のフォームを開いて処理を行う場合は、「Forms("フォーム名")」と明示的に処理の対象となるフォームを指定します。また、このとき **Screen オブジェクトの ActiveForm プロパティ**を使用することで、現在アクティブなフォームを参照することができます。Screen オブジェクトの主なプロパティは次の通りです。

Screen オブジェクトのプロパティ	参照するオブジェクト
Screen.ActiveForm	現在アクティブなフォーム
Screen.ActiveReport	現在アクティブなレポート
Screen.ActiveControl	現在アクティブなコントロール

> **memo**
>
> 複数のフォームを開いて処理を行う場合、一部のフォームをダイアログボックスとして表示させたいケースがあります。この場合、
>
> ```
> DoCmd.OpenForm "フォーム名",,,,,acDialog
> ```
>
> と、OpenForm メソッドの6番目の引数に「acDialog」の定数を指定することで、ダイアログボックスとして表示させることができます。フォームをダイアログボックスとして開くには通常、フォームのプロパティを次のように設定します。

タブ	プロパティ	設定値
書式	境界線スタイル	ダイアログ
	レコードセレクタ	いいえ
	移動ボタン	いいえ
	スクロールバー	なし
その他	ポップアップ	はい
	作業ウィンドウ固定	はい

ただし「acDialog」を引数に指定した場合、「ポップアップ」と「作業ウィンドウ固定」のプロパティは、設定値にかかわらず「はい」の設定で開きます。

それでは実際に、コードを記述して動作を確認してみましょう。

❶VBEのプロジェクトエクスプローラより「Form_Fフォームを開く1」モジュールをダブルクリックします。

❷次のイベントプロシージャを作成してください。

```
Private Sub btn1_Click()
    If Not IsNull(Me.社員番号.Value) Then
        DoCmd.OpenForm "Fフォームを開く2", , , _
            "社員番号 = " & Me.社員番号.Value, , acDialog
    End If
End Sub
```

❸VBEのプロジェクトエクスプローラより「Form_Fフォームを開く2」モジュールをダブルクリックします。

❹次のイベントプロシージャを作成してください。

```
Private Sub btn1_Click()
    DoCmd.Close acForm, Screen.ActiveForm.Name
End Sub
```

❺Accessに戻ると［Fフォームを開く1］［Fフォームを開く2］フォームが、デザインビューで開いているので保存して閉じます。

❻［Fフォームを開く1］フォームをフォームビューで開きます。

[Fフォームを開く1] フォームに配置された [詳細] ボタンをクリックすると、[Fフォーム
を開く1] フォームのモジュールに作成された「btn1_Click」イベントプロシージャが実行さ
れます。

コード2行目のIfステートメントの条件式

```
Not IsNull(Me.社員番号.Value)
```

は、[社員番号] テキストボックスの値がNull値でないとき処理を実行する、という意味にな
ります。

❼ [社員番号] テキストボックスに社員番号が存在するレコードの、[詳細] ボタンをクリック
します。ここでは、社員番号「1001」の「安藤昭雄」のレコードにある [詳細] ボタンをク
リックします。

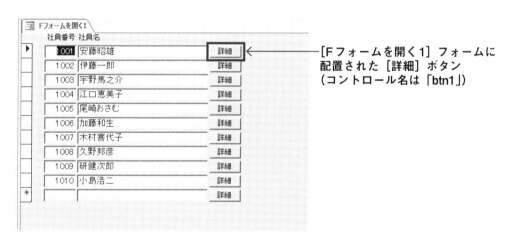

[Fフォームを開く1] フォームに
配置された [詳細] ボタン
(コントロール名は「btn1」)

コード3行目のDoCmdオブジェクトのOpenFormメソッドが実行され、[Fフォームを開く2]
フォームを開きます。このとき、OpenFormメソッドのフィルタ条件式の引数に

```
"社員番号 = " & Me.社員番号.Value
```

と、カレントレコードの社員番号を指定します。つまり [社員番号] フィールドが「1001」
のレコードが [Fフォームを開く2] フォームで開かれます。

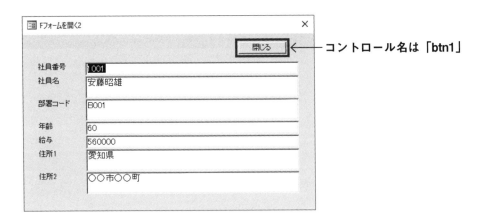

コントロール名は「btn1」

❽ [Fフォームを開く2] フォームに配置された [閉じる] ボタンをクリックすると、[Fフォームを開く2] フォームのモジュールに作成された「btn1_Click」イベントプロシージャが実行され、

```
DoCmd.Close acForm, Screen.ActiveForm.Name
```

で現在のアクティブなフォームを閉じます。つまり、[Fフォームを開く2] フォーム自身を閉じます。他のレコードの [詳細] ボタンもクリックして、動作を確認してください。

❾ [Fフォームを開く1] フォームを閉じてください。

フォームを開くときに引数を渡す

フォームを開くときに、開いたフォームに引数を渡すことができます。たとえば、あるフォームを複数のフォームから開く必要があるシステムで、開かれたフォームが、どのフォームから開かれたかを知りたいときがあります。そこで、**OpenArgs プロパティ**に開いた元のフォームの名前を引数として渡すことで、開かれたフォームは、自分がどのフォームから開かれたかを知ることができます。OpenForm メソッドで、引数を渡す記述は次の通りです。

```
DoCmd.OpenForm "フォーム名", , , , , , OpenArgs
```

OpenForm メソッドの7番目の引数「OpenArgs」で渡した引数は、開かれたフォームのOpenArgs プロパティから取得することができます。その場合、開かれたフォームのフォームモジュールに「Me.OpenArgs」と記述します。

それでは実際に、コードを記述して動作を確認してみましょう。

❶VBEのプロジェクトエクスプローラより「Form_Fフォームを開く3」モジュールをダブルク
リックします。

❷次のイベントプロシージャを作成してください。

```
Private Sub btn1_Click()
    DoCmd.OpenForm "Fフォームを開く4", _
        , , , , acDialog, Screen.ActiveControl.Name
End Sub

Private Sub btn2_Click()
    DoCmd.OpenForm "Fフォームを開く4", _
        , , , , acDialog, Screen.ActiveControl.Name
End Sub

Private Sub btn3_Click()
    DoCmd.OpenForm "Fフォームを開く4", _
        , , , , acDialog, Screen.ActiveControl.Name
End Sub
```

❸次に、VBEのプロジェクトエクスプローラより「Form_Fフォームを開く4」モジュールをダ
ブルクリックします。

❹次のイベントプロシージャを作成してください。

```
Private Sub Form_Open(Cancel As Integer)
    Me.txt1.Value = _
        "[" & Me.OpenArgs & "] ボタンより開かれました"
End Sub

Private Sub btn1_Click()
    DoCmd.Close acForm, Me.Name
End Sub
```

❺Accessに戻ると [Fフォームを開く3][Fフォームを開く4] フォームが、デザインビュー
で開いているので保存して閉じます。

❻[Fフォームを開く3] フォームをフォームビューで開きます。

❼ ［Fフォームを開く3］フォームに配置された［btn1］ボタンをクリックすると、［Fフォーム
を開く3］フォームのモジュールに作成された「btn1_Click」イベントプロシージャが実行さ
れます。

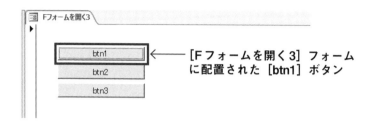

[F フォームを開く 3] フォーム
に配置された [btn1] ボタン

このとき OpenForm メソッドの、引数「OpenArgs」に「Screen.ActiveControl.Name」と現
在アクティブなコントロール名を指定します。つまり、押されたボタンの名前「btn1」が引
数として渡されます。

開かれた［Fフォームを開く4］フォームの「Form_Open」イベントプロシージャでは、「Me.
OpenArgs」プロパティから、渡された引数「btn1」の文字列を取得し、［txt1］テキストボ
ックスの値を書き換えます。つまり、「［btn1］ボタンより開かれました」の文字列がテキス
トボックスに表示されます。

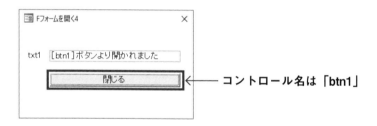

コントロール名は「btn1」

❽ ［Fフォームを開く4］フォームの［閉じる］ボタンをクリックすると、［Fフォームを開く4］
フォームのモジュールに作成された「btn1_Click」イベントプロシージャが実行され、

```
DoCmd.Close acForm, Me.Name
```

で自らのフォームを閉じます。

今回は「Me.Name」と、そのフォーム自身の名前を引数に指定しました。ここに「Screen.
ActiveForm.Name」と現在アクティブなフォーム名を指定しても、同様に動作します。［btn2］
［btn3］ボタンでも、［btn1］ボタンと同様の処理を行うことを確認してください。

❾ ［Fフォームを開く3］フォームを閉じてください。

4-4 フォーム・レポートの応用テクニック

フォームやレポートには、さまざまな種類のコントロールを配置することができます。またコントロールには、たくさんのイベントが用意されており、これらを組み合わせることで、さらに操作性の良いフォーム・レポートを作成することができます。ここでは、より高度なフォーム・レポートを作成するための応用テクニックを解説します。

KeyPressイベントの応用テクニック

KeyPressイベントは、キーボードのANSIキーが押されたときに発生します。ANSIキー以外のキーが押されたときは、KeyPressイベントは発生しません。ANSIキーが押されると、**KeyDown→KeyPress→Change→KeyUp**の順でイベントが発生します。KeyPressイベントを利用すると、押されたキーの種類によって詳細な入力制限を行うことができます。その際、入力された文字の文字コードはAsc関数を利用して調べることができます。Asc関数の構文は次の通りです。

```
Asc(文字)
```

引数「文字」には、文字コードを調べたい文字を指定します。引数「文字」に文字列を指定した場合、文字列の先頭の文字の文字コードを返します。

> **memo**
> ANSI文字コードとは、米国規格協会（American National Standards Institute）が定めた文字セットです。標準的なキーボードのアルファベットや記号に対応しています。

それでは実際に、コードを記述して動作を確認してみましょう。

❶VBEのプロジェクトエクスプローラより「Form_F応用1」モジュールをダブルクリックします。

❷次のイベントプロシージャを作成してください。

```
Private Sub txt1_KeyPress(KeyAscii As Integer)
    Select Case KeyAscii
    Case 8, 9, 13
        Exit Sub
    Case Else
        If KeyAscii >= Asc("0") And KeyAscii <= Asc("9") Then
            Me.lbl1.Caption = "数字キーが押されました"
        ElseIf KeyAscii >= Asc("a") And KeyAscii <= Asc("z") Then
            Me.lbl1.Caption = "英字キーが押されました"
        Else
            Me.lbl1.Caption = "キーの入力をキャンセルしました"
            KeyAscii = 0
        End If
    End Select
End Sub
```

❸Accessに戻ると［F応用1］フォームが、デザインビューで開いているのでフォームビューに変更します。

❹［F応用1］フォームにある［txt1］テキストボックスに「a」と入力します。

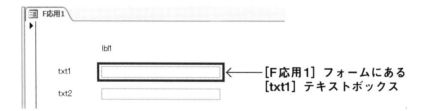

[F応用1] フォームにある
[txt1] テキストボックス

ANSIキーが押されたため「txt1_KeyPress」イベントプロシージャが実行されます。このとき引数「KeyAscii」には、押されたキーの文字コードが格納されます。

コードの3行目「Case 8, 9, 13」は、[Back Space][Tab][Enter]キーのいずれかが押された場合の処理になります。その場合は何もしないでプロシージャを終了します。それ以外のANSIキーが押された場合は、

```
KeyAscii >= Asc("0") And KeyAscii <= Asc("9")
```

なら数字の「0～9」キーが押されたケース、

```
KeyAscii >= Asc("a") And KeyAscii <= Asc("z")
```

なら英字の「a～z」キーが押されたケース、「Else」は記号などその他のANSIキーが押されたケースとなるため、処理を分岐し、押されたキーの種類を［lbl1］ラベルに表示します。また数字と英字以外は**「KeyAscii = 0」で文字の入力をキャンセル**します。今回は「a」の文字が入力されたため、［lbl1］ラベルに「英字キーが押されました」と表示されます。

```
┌─ F応用1 ───────────────────────────────
│▶
│
│         英字キーが押されました
│
│   txt1      a
│
│   txt2
```

❺ 続けて、数字や記号を入力して［lbl1］ラベルと［txt1］テキストボックスの変化を確認してください。また英字の大文字と小文字では文字コードが異なり、区別されるので注意してください。［txt1］テキストボックスに英字の大文字を入力すると「キーの入力をキャンセルしました」と表示され、入力がキャンセルされます。よく使用される文字コードは、次の通りです。

キー	文字コード
BacK Space キー	8
Tab キー	9
Enter キー	13
Esc キー	27
0 ～ 9 キー	48～57
A ～ Z キー	65～90
a ～ z キー	97～122

Asc関数を使用して文字コードを取得する代わりに、直接文字コードを数値で指定してもかまいません。たとえば、「KeyAscii = Asc("a")」の条件式と「KeyAscii = 97」は、同じ意味になります。

❻ 次の学習でも使用するので［F応用1］フォームは開いたままにします。

GotFocus イベントの応用テクニック

GotFocus イベントは、コントロールにフォーカスが移ったときに発生します。このイベントを利用することで、フォーカスを取得した際に、他のコントロールから値を取得したり、テキストボックスのカーソル位置を指定したりするなど、より操作のしやすいフォームを作成できます。

それでは実際に、コードを記述して動作を確認してみましょう。

❶VBEより、「Form_F応用１」モジュールのコードウィンドウに次のイベントプロシージャを追加してください。

```
Private Sub txt2_GotFocus()
    If IsNull(Me.txt2.Value) Then
        Me.txt2.Value = Me.txt1.Value
        Me.txt2.SelStart = Nz(Len(Me.txt1.Value), 0)
    End If
End Sub
```

❷Accessの画面に戻ります。

❸［F応用１］フォームにある［txt2］テキストボックスをクリックしてフォーカスを移します。

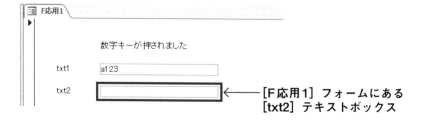

このとき、［txt1］テキストボックスの値がそのまま、［txt2］テキストボックスにコピーされ、文字列の最後尾にカーソルが移動します。

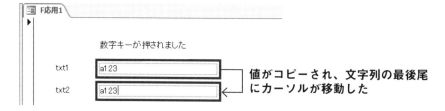

［txt2］テキストボックスがフォーカスを取得したため「txt2_GotFocus」イベントプロシー

ジャが実行されます。コードの2行目

```
If IsNull(Me.txt2.Value) Then
```

では、[txt2] テキストボックスに既に値があるときは、Ifステートメント内の処理を実行させないようにしています。[txt2] テキストボックスに何も値が入っていない場合、3行目で [txt1] テキストボックスの値をコピーし、4行目でSelStartプロパティに [txt1] テキストボックスの文字数を設定します。

SelStart プロパティはテキストボックス内のカーソル位置を、「0〜総文字数」の範囲で指定できます。

```
Nz(Len(Me.txt1.Value), 0)
```

は [txt1] テキストボックスの値がNull値でない場合、総文字数を返します。そのため、文字列の最後尾にカーソル位置が設定されました。

❹次の学習でも使用するので [F応用1] フォームは開いたままにします。

BeforeUpdate イベントの応用テクニック

BeforeUpdate イベントは、データを更新する前に発生します。データが更新されると、**BeforeUpdate → AfterUpdate**の順でイベントが発生します。BeforeUpdateイベントを利用することで、入力されたデータが不正な値のとき、データの更新をキャンセルすることができます。

それでは実際に、コードを記述して動作を確認してみましょう。

❶VBEより、「Form_F応用1」モジュールのコードウィンドウに次のイベントプロシージャを追加してください。

```
Private Sub txt3_BeforeUpdate(Cancel As Integer)
    If IsNumeric(Me.txt3.Value) Then
        If CDbl(Me.txt3.Value) = CLng(Me.txt3.Value) Then
            Me.lbl2.Caption = "整数が入力されています"
            Exit Sub
        Else
            Me.lbl2.Caption = "整数以外の値が入力されています"
        End If
    Else
        Me.lbl2.Caption = "数値以外の値が入力されています"
    End If
    Cancel = True
    Me.txt3.SelStart = 0
    Me.txt3.SelLength = Nz(Len(Me.txt3.Value), 0)
End Sub
```

❷Accessの画面に戻ります。

❸[F応用1] フォームにある [txt3] テキストボックスに「a」と入力し Enter キーを押します。

[F応用1] フォームにある [txt3]
テキストボックス

[lbl2] ラベルに「数値以外の値が入力されています」と表示され、更新がキャンセルされます。

❹次に「1.5」と入力し Enter キーを押すと、「整数以外の値が入力されています」と表示され、同様に更新がキャンセルされます。

❺さらに「1」と入力し Enter キーを押すと、「整数が入力されています」と表示され、更新が実行されます。

［txt3］テキストボックスの値を更新したため、「txt3_BeforeUpdate」イベントプロシージャが実行されます。コードの2行目

```
If IsNumeric(Me.txt3.Value) Then
```

で入力された値が数値かどうかを判断し、数値の場合はさらに

```
If CDbl(Me.txt3.Value) = CLng(Me.txt3.Value) Then
```

で、整数か小数かによって、条件分岐させています。整数以外の場合、コードの12行目「Cancel = True」で更新をキャンセルして、13行目、14行目でテキストボックスの値を選択状態にしています。

SelLength プロパティは、テキストボックス内で選択されている文字の文字数を指定することができます。SelStart プロパティを「0」に、SelLength プロパティを総文字数に指定した場合、テキストボックス内の文字列全体を選択状態にすることができます。

もうひとつコードを、記述しましょう。

❶ VBE より、「Form_F応用1」モジュールのコードウィンドウに次のイベントプロシージャを追加してください。

```
Private Sub txt4_BeforeUpdate(Cancel As Integer)
    If LenB(Me.txt4.Value) <> _
        LenB(StrConv(Me.txt4.Value, vbFromUnicode)) Then
        Me.lbl3.Caption = "半角文字が入力されています"
        Cancel = True
        Me.txt4.SelStart = 0
        Me.txt4.SelLength = Nz(Len(Me.txt4.Value), 0)
    Else
        Me.lbl3.Caption = "全角文字だけが入力されています"
    End If
End Sub
```

❷ Accessの画面に戻ります。

❸ ［F応用1］フォームにある［txt4］テキストボックスに「123」と半角数字で入力し Enter キーを押します。

lbl3

txt4 ←──── **[F応用1] フォームにある [txt4]
テキストボックス**

[lbl3] ラベルに「半角文字が入力されています」と表示され、更新がキャンセルされます。

半角文字が入力されています

txt4 | 123 |

❹次に「ＡＢＣ123」と英字は全角で数字は半角で入力し Enter キーを押すと、同じメッセージが表示され、同様に更新がキャンセルされます。

❺さらに「ＡＢＣ１２３」と英字・数字ともに全角で入力し Enter キーを押すと、「全角文字だけが入力されています」と表示され、更新が実行されます。

全角文字だけが入力されています

txt4 | ＡＢＣ１２３ |

[txt4] テキストボックスの値を更新したため、「txt4_BeforeUpdate」イベントプロシージャが実行されます。コードの2行目の

```
LenB(Me.txt4.Value)
```

はUnicodeでの文字列のバイト数を返します。Unicodeは全角／半角を区別せず、同じ2バイトとして扱います。

```
LenB(StrConv(Me.txt4.Value, vbFromUnicode))
```

はUnicodeからシステム既定のコードページに変換した文字列のバイト数を返します。この場合、全角は2バイト、半角は1バイトとして扱うため、両者が同じになれば**すべて全角で入力されている**ことを示し、同じにならないときは**半角文字が混在している**ことを示します。

後は先ほど同様、すべて全角文字で入力されていない場合、更新をキャンセルし、テキストボックス内の文字列を選択状態にしています。

❻次の学習でも使用するので [F応用1] フォームは開いたままにします。

NotInListイベントの応用テクニック

NotInListイベントは、リストにないデータがコンボボックスに直接入力されたときに発生するイベントです。このイベントを利用することで、リストにないデータが入力された際に、登録用のフォームを開いて新規データを登録することができます。

それでは実際に、コードを記述して動作を確認してみましょう。

❶VBEより、「Form_F応用1」モジュールのコードウィンドウに次のイベントプロシージャを追加してください。

```
Private Sub cmb1_NotInList(NewData As String, Response As Integer)
    If MsgBox("入力されたデータを登録しますか?", vbYesNo) = _
        vbYes Then
        DoCmd.OpenForm "F応用2", , , , acFormAdd, acDialog, NewData
    End If
    If DCount("部署コード", "T部署マスタ", "部署コード='" & _
        NewData & "'") <> 0 Then
        Response = acDataErrAdded
    Else
        Response = acDataErrContinue
        Me.cmb1.Undo
    End If
End Sub
```

❷VBEのプロジェクトエクスプローラより「Form_F応用2」モジュールをダブルクリックします。

❸次のイベントプロシージャを作成してください。

```
Private Sub Form_Open(Cancel As Integer)
    If IsNull(Me.OpenArgs) Then
        Cancel = True
    End If
End Sub
```

次ページへ続く

```
Private Sub Form_Load()
    Me.部署コード.Value = StrConv(Me.OpenArgs, vbUpperCase)
End Sub


Private Sub Form_BeforeUpdate(Cancel As Integer)
    If IsNull(Me.部署名.Value) Then
        Cancel = True
    End If
End Sub


Private Sub Form_AfterInsert()
    DoCmd.Close acForm, Me.Name
End Sub


Private Sub 部署名_KeyPress(KeyAscii As Integer)
    If KeyAscii = 27 Then
        DoCmd.Close acForm, Me.Name
    End If
End Sub
```

❹Accessに戻り、開いているフォームをすべて保存して閉じます。

❺[F応用1] フォームをフォームビューで開きます。

❻[F応用1] フォームにある [cmb1] コンボボックスのドロップダウンメニューを開き、[T 部署マスタ] テーブルのレコードが表示されるのを確認します。

❼[cmb1] コンボボックスをクリックし、[T 部署マスタ] テーブルに登録されていない部署コードを入力します。ここでは「B006」を入力します。

Enter キーを押すと、「入力されたデータを登録しますか？」とメッセージが表示されます。
これは、リストにない値をコンボボックスに入力したため、「cmb1_NotInList」イベントプロ
シージャが実行されたからです。

❽ [はい] ボタンをクリックすると、

```
DoCmd.OpenForm "F 応用2", , , , acFormAdd, acDialog, NewData
```

で [F応用2] フォームを追加モードで開きます。このとき引数「NewData」には、入力され
た「B006」の文字列が格納されています。

[F応用2] フォームの「Form_Load」イベントプロシージャで渡された引数「B006」を [部
署コード] テキストボックスの値に置き換えます。追加モードで開いているため、「B006」
は新しいレコードとして [T部署マスタ] テーブルに追加されます。

❾ [部署名] テキストボックスに適当な部署名を入力してください。

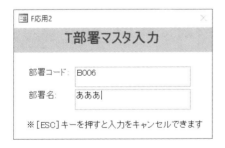

Enter キーを押すと、レコードが追加され「Form_AfterInsert」イベントプロシージャが実
行されます。ここで自分自身を閉じ、[F 応用1] フォームに制御を戻します。すると「cmb1_
NotInList」イベントプロシージャの6行目

```
If DCount("部署コード", "T 部署マスタ", "部署コード='" & _
    NewData & "'") <> 0 Then
```

のIfステートメントが実行され、実際に新しいレコードが［T部署マスタ］テーブルに追加さ
れたかどうかを判定します。新しいレコードが追加されていれば、8行目の「Response =
acDataErrAdded」が実行され、リストにない値「B006」をコンボボックスに追加します。

←──── リストにない値「B006」がコンボ
　　　　ボックスに追加された

また、「入力されたデータを登録しますか？」のメッセージで［いいえ］ボタンをクリックし
た場合や、［F応用2］フォームで ESC キーを押して入力をキャンセルした場合は、新しいレ
コードは［T部署マスタ］テーブルに追加されません。このとき10行目の「Response =
acDataErrContinue」が実行され、リストにない値「B006」はコンボボックスに追加されず、
次の行の「Me.cmb1.Undo」でコンボボックスの値をリセットします。

←──── 「B006」は追加されず、コンボ
　　　　ボックスの値がリセットされた

❿ ［F応用1］フォームを閉じてください。

◉memo

NotInListイベントプロシージャの引数「NewData」には、入力されたリストにない値が格納さ
れます。また、引数「Response」には、リストにない値をコンボボックスに追加するかしない
かと、システムメッセージを表示するかしないかを指定することができます。引数「Response」
に指定する定数は、次の通りです。

定数	リストにない値の処理	システムメッセージ
acDataErrDisplay（既定）	コンボボックスに追加しない	表示する
acDataErrContinue	コンボボックスに追加しない	表示しない
acDataErrAdded	コンボボックスに追加する	表示しない

ただし「acDataErrAdded」で追加するためには、その前に新しいデータを追加する処理を行う
必要があります。

```
```

NotInList イベントを使用するには、コンボボックスの「入力チェック」プロパティに「はい」を設定する必要があります。既定値の「いいえ」のままだと NotInList イベントが発生しないので注意してください。

Load イベントの応用テクニック

Load イベントは、フォームが読み込まれるときに発生します。フォームが開かれると、**Open→Load→Activate** の順にイベントが発生します。Load イベントを利用することで、フォームを開く際に必要な処理を実行させることができます。

それでは実際に、コードを記述して動作を確認してみましょう。

❶ VBE のプロジェクトエクスプローラより「Form_F応用3」モジュールをダブルクリックします。

❷ 次のイベントプロシージャを作成してください。

```
Private Sub Form_Load()
    Dim o As Object
    For Each o In Application.Printers
        Me.lst1.AddItem o.DeviceName
    Next o
    Me.lst1.Value = Application.Printer.DeviceName
End Sub


Private Sub btn1_Click()
    Dim MyPrinter As Object
    If MsgBox("選択されたプリンタで印刷しますか？", vbYesNo) _
        = vbYes Then
        Set MyPrinter = Application.Printer
        Set Application.Printer = Application.Printers(Me.lst1.Value)
        DoCmd.OpenReport "R応用3"
        Set Application.Printer = MyPrinter
        Set MyPrinter = Nothing
    End If
End Sub
```

4

フォームとレポートの操作

❸Accessに戻ると［F応用3］フォームが、デザインビューで開いているので保存して閉じます。

❹［F応用3］フォームをフォームビューで開きます。

［F応用3］フォームにある［lst1］リストボックスに、システムで使用可能なすべてのプリンタ名が表示されます。フォームを開くと「Form_Load」イベントプロシージャが実行されます。コードの3~5行目で、繰り返し処理を行い、使用可能なプリンタ名を［lst1］リストボックスのアイテムに追加しています。コードの6行目

```
Me.lst1.Value = Application.Printer.DeviceName
```

は、通常使うプリンタに設定されているシステム既定のプリンタ名をリストボックスの中から選択させています。

❺［lst1］リストボックスの中から、プリンタを選択し［btn1］ボタンをクリックすると「btn1_Click」イベントプロシージャが実行され、「選択されたプリンタで印刷しますか？」のメッセージが表示されます。

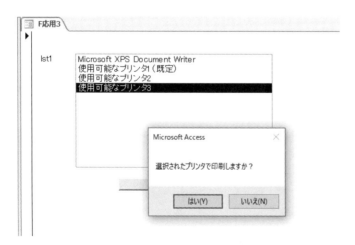

❻ ［はい］ボタンをクリックすると、

```
Set MyPrinter = Application.Printer
```

でオブジェクト変数「MyPrinter」に現在のシステム既定のプリンタを一時的に格納します。

```
Set Application.Printer = Application.Printers(Me.lst1.Value)
```

で、［lst1］リストボックスで選択されたプリンタを、システム既定のプリンタに変更しています。［R応用3］レポートを印刷した後、

```
Set Application.Printer = MyPrinter
```

で既定のプリンタを元のプリンタに戻します。

> **◉memo**
> ［lst1］リストボックスに表示されるプリンタ名は、ローカルマシンの環境によって異なります。

これで第4章の実習を終了します。実習ファイル「S04.accdb」を閉じ、Accessを終了します。［オブジェクトの保存］ダイアログボックスが表示されるので［はい］ボタンをクリックし、オブジェクトの変更を保存します。

5

応用プログラミング

ここではファイルを操作したり、他のアプリケーションと連携するなど、業務システムを開発していく上で必要になるさまざまな応用プログラミングについて解説します。

5-1 コンポーネントの利用

コンポーネントとは、特定の機能を持つプログラムの部品を指します。Access VBAでは、外部のライブラリファイルを読み込むことで、Access VBAにない機能を利用することができるようになります。あらかじめ外部のライブラリファイルを読み込む設定をすることを**参照設定を行う**といいます。参照設定を行うには、VBEより［ツール］メニュー→［参照設定］をクリックし、［参照設定］ダイアログボックスを表示します。

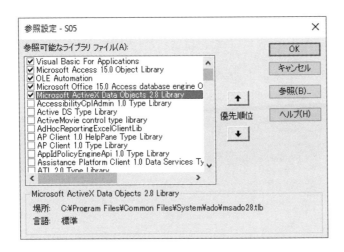

［参照可能なライブラリ ファイル］には、プロジェクトで使用できるライブラリファイルが表示されます。チェックボックスをチェックし、［OK］ボタンをクリックしてダイアログボックスを閉じると、そのライブラリファイルのオブジェクトをVBAのプログラムから利用できるようになります。また「オブジェクトブラウザ」から、追加されたオブジェクトのメソッドやプロパティを確認できるようになります。オブジェクトブラウザについては、「8-1 Visual Basic Editor（VBE）」で解説します。

事前バインディング、実行時バインディング

VBAのコードから外部オブジェクトを参照する際、「事前バインディング」と「実行時バインディング（遅延バインディング）」の2つの方法を選択することができます。どちらもオブジェクト変数に、オブジェクトへの参照を格納し（オブジェクトのインスタンスを生成し）操作します。

● 事前バインディング

［参照設定］ダイアログボックスから、利用したい外部ライブラリファイルをあらかじめ選択しておきます。オブジェクト変数にオブジェクトへの参照を格納する記述は、次の通りです。

```
Dim オブジェクト変数 As 特定のオブジェクト型
Set オブジェクト変数 = New 特定のオブジェクト型
```

または

```
Dim オブジェクト変数 As New 特定のオブジェクト型
```

事前バインディングはコードが実行される前に、外部オブジェクトを利用するための最適化処理を内部で実行します。そのため実行時バインディングに比べ、コードの実行が早くなります。また、自動メンバ表示機能やコンパイル時のエラーチェック機能を利用できるようになります。

● 実行時バインディング

CreateObject関数を使用して、コードの実行時にオブジェクトを参照します。［参照設定］ダイアログボックスでライブラリファイルを選択する必要はありません。実行時バインディングは「遅延バインディング」とも呼ばれます。CreateObject関数を使って、オブジェクト変数にオブジェクトへの参照を格納する記述は、次の通りです。

```
Dim オブジェクト変数 As Object
Set オブジェクト変数 = CreateObject(オブジェクトのクラス名)
```

実行時バインディングでは、オブジェクト変数の型をObject型で宣言します。Object型で宣言されたオブジェクト変数はコードの実行時に初めて、どのオブジェクトの型であるかが解釈されます。そのため事前バインディングに比べて、コードの実行速度が遅くなります。

> **◆memo**
>
> 「2-1 変数」の「オブジェクト変数の宣言」で解説しましたが、オブジェクト変数の宣言には「固有オブジェクト型」による宣言と、「総称オブジェクト型」による宣言の2種類があります。事前バインディングでは、特定のオブジェクトの型でオブジェクト変数を宣言するため「固有オブジェクト型」の宣言になります。実行時バインディングでは、オブジェクトの種類を特定しないで宣言するため「総称オブジェクト型」の宣言になります。

オブジェクトの解放

オブジェクトへの参照を格納したオブジェクト変数は、Nothing キーワードを使ってオブジェクトへの参照を解除することができます。Nothing キーワードの使用法は、「2-1　変数」の「Nothing キーワード」を参照してください。

> **◆memo**
>
> Nothing キーワードを使用しなくても、コードの処理がオブジェクト変数の適用範囲外に移った時点で、オブジェクトへの参照は自動的に解除されます。たとえば、プロシージャレベルのオブジェクト変数を作成した場合、そのプロシージャが終了した時点で、オブジェクト変数への参照は自動的に解除されます。しかしエラーなど、何らかの理由で参照が解除されない場合、オブジェクトへの参照がメモリ上に残ってしまいます。Set ステートメントでオブジェクトへの参照を格納したときは、Nothing キーワードを用いて、できるだけ明示的にオブジェクトへの参照を解除することを推奨します。

5-2 ファイル操作

複雑なシステムでは、単一のデータベースファイル上ですべての処理を行うのではなく、いくつかのファイルにデータを分け、処理を行うといったケースが多く見受けられます。たとえば、データベースファイルの保存されたフォルダにCSV形式のファイルを出力し、ファイル名を変更してバックアップファイルを作成するといった処理などです。ここではAccess VBAからファイルやフォルダを操作する、さまざまな方法について解説します。

カレントデータベースのパスと名前

Access VBAでファイル操作をするとき、データベースファイルの保存されているフォルダのパスや、データベースファイルの名前を取得する方法を知っておくと大変便利です。**CurrentProjectオブジェクト**の**Pathプロパティ**は、データベースファイルが保存されているフォルダのパスを文字列で返します。**Nameプロパティ**は、データベースファイルの名前を文字列で返します。CurrentProjectオブジェクトによる、パスとファイル名を取得する記述は、次の通りです。

記述	内容
CurrentProject.Path	データベースファイルがCドライブにある「wrk」フォルダに保存されている場合、「C:¥wrk」の文字列を返す
CurrentProject.Name	データベースファイルの名前が「tmp.accdb」の場合、「tmp.accdb」の文字列を返す

また「**CurrentDb.Name**」を使用すると、データベースファイルが保存されているフォルダのパスとデータベースファイルの名前を同時に取得できます。たとえばデータベースファイルが、Cドライブにある「wrk」フォルダに保存されている「tmp.accdb」の場合、CurrentDb.Nameは「C:¥wrk¥tmp.accdb」の文字列を返します。

それでは実際に、コードを記述して動作を確認してみましょう。

❶VBEのプロジェクトエクスプローラから「カレントデータベース」モジュールをダブルクリックします。

❷コードウィンドウに次のコードを記述してください。

```
Sub Test()
    Debug.Print CurrentProject.Path
    Debug.Print CurrentProject.Name
    Debug.Print CurrentDb.Name
End Sub
```

コードを実行すると、データベースファイルの保存されているフォルダのパスや、ファイル名がイミディエイトウィンドウに出力されます。仮に「S05.accdb」がCドライブの「wrk」というフォルダに保存されている場合、出力される結果は次の通りです。

```
C:¥wrk
S05.accdb
C:¥wrk¥S05.accdb
```

> **♥memo**
> Dir関数を利用すると、パスの文字列から簡単にファイル名だけを抜き出すことができます。たとえば「CurrentDb.Name」の値が「C:¥wrk¥S05.accdb」ならば、「Dir(CurrentDb.Name)」は「S05.accdb」を返します。

FileSystemObjectの利用

「FileSystemObject（ファイルシステムオブジェクト）」とは、「Microsoft Scripting Runtimeタイプライブラリ（Scrrun.dll）」ファイルに格納された、ドライブやフォルダ、ファイルなどを操作するためのオブジェクトです。

● FileSystemObject の概要
FileSystemObjectでは、次の8つのオブジェクトを利用することができます。

```
┌─────────────────────────────────────────────┐
│ FileSystemObjectオブジェクト                 │
│ FileSystemObjectの中心となるオブジェクト。主にドライブ、  │
│ フォルダ、ファイルを操作するメソッドがそろっている        │
└─────────────────────────────────────────────┘
    │
    │   ┌───────────────────────────────────────┐
    ├──│ Driveオブジェクト                      │
    │   │ 主にドライブの情報を取得するプロパティがそ │
    │   │ ろっている                             │
    │   └───────────────────────────────────────┘
    │
    │   ┌───────────────────────────────────────┐
    ├──│ Drivesコレクション                     │
    │   │ Driveオブジェクトの集合体              │
    │   └───────────────────────────────────────┘
    │
    │   ┌───────────────────────────────────────┐     ┌───────────────────────────────────────┐
    ├──│ Folderオブジェクト                     │────│ Foldersコレクション                    │
    │   │ 主にフォルダの情報を取得するプロパティがそ │     │ フォルダ内のFolderオブジェクト（サブフォル │
    │   │ ろっている                             │     │ ダ）の集合体                           │
    │   └───────────────────────────────────────┘     └───────────────────────────────────────┘
    │
    │   ┌───────────────────────────────────────┐     ┌───────────────────────────────────────┐
    ├──│ Fileオブジェクト                       │────│ Filesコレクション                      │
    │   │ 主にファイルの情報を取得するプロパティがそ │     │ フォルダ内のFileオブジェクトの集合体     │
    │   │ ろっている                             │     └───────────────────────────────────────┘
    │   └───────────────────────────────────────┘
    │
    │   ┌───────────────────────────────────────┐
    └──│ TextStreamオブジェクト                 │
        │ テキストファイルの入出力を行う          │
        └───────────────────────────────────────┘
```

VBAからFileSystemObjectを利用するには、オブジェクト変数にFileSystemObjectへの参照を格納し、操作します。オブジェクト変数にFileSystemObjectへの参照を格納するには、次の2通りの方法があります。

■事前バインディングによる参照

① ［参照設定］ダイアログボックスで「Microsoft Scripting Runtime」への参照を有効に設定する

②
```
Dim オブジェクト変数 As FileSystemObject
Set オブジェクト変数 = New FileSystemObject
```

または

```
Dim オブジェクト変数 As New FileSystemObject
```

でFileSystemObjectのオブジェクトへの参照を格納する

■実行時バインディングによる参照

①
```
Dim オブジェクト変数 As Object
Set オブジェクト変数 = CreateObject("Scripting.FileSystemObject")
```

でFileSystemObjectのオブジェクトへの参照を格納する

● FileSystemObject オブジェクト

FileSystemObjectの中心となるオブジェクトです。ドライブ、フォルダ、ファイルを操作・取得するためのメソッドやプロパティが用意されています。FileSystemObjectオブジェクトの主なプロパティやメソッドは次の通りです。

プロパティ	内容
Drives	利用できるすべてのドライブを取得する
メソッド	内容
CopyFile	ファイルをコピーする
CopyFolder	フォルダをコピーする
CreateFolder	新しいフォルダを作成する
CreateTextFile	新しいテキストファイルを作成する
DeleteFile	ファイルを削除する
DeleteFolder	フォルダを削除する
DriveExists	ドライブが存在するかどうかを調べる
FileExists	ファイルが存在するかどうかを調べる
FolderExists	フォルダが存在するかどうかを調べる
GetDrive	指定したドライブオブジェクトを取得する
GetFile	指定したファイルオブジェクトを取得する
GetFolder	指定したフォルダオブジェクトを取得する
MoveFile	ファイルを移動する
MoveFolder	フォルダを移動する
OpenTextFile	テキストファイルを開く

これらFileSystemObjectオブジェクトのメソッドやプロパティを使用することで、ドライブ、フォルダ、ファイルに対するさまざまな操作を行うことができます。

それでは実際に、コードを記述して動作を確認してみましょう。

❶VBEのプロジェクトエクスプローラから「FileSystemObjectの利用」モジュールをダブルクリックします。

❷［参照設定］ダイアログボックスで「Microsoft Scripting Runtime」への参照を有効に設定します。

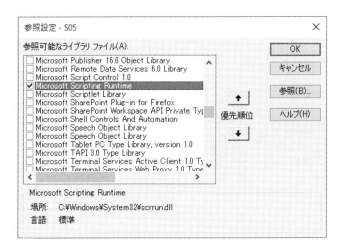

❸コードウィンドウに次のコードを記述してください。

```vba
Sub Test1()
    Dim FSO As New FileSystemObject
    Dim MyPath As String
    MyPath = CurrentProject.Path & "\"
    If Not FSO.FolderExists(MyPath & "test") Then
        FSO.CreateFolder MyPath & "test"
        MsgBox "「test」フォルダを作成しました"
    End If
    MyPath = MyPath & "test\"
    If Not FSO.FileExists(MyPath & "01.txt") Then
        FSO.CreateTextFile MyPath & "01.txt"
        MsgBox "「01.txt」を作成しました"
        FSO.CopyFile MyPath & "01.txt", MyPath & "02.txt"
        FSO.CopyFile MyPath & "02.txt", MyPath & "03.txt"
        MsgBox "「01.txt」のコピー「02,03.txt」を作成しました"
    End If
    Set FSO = Nothing
End Sub
```

①（If Not FSO.FolderExists ～ End If）
②（MyPath = MyPath & "test\"）
③（If Not FSO.FileExists ～ End If）

「Test1」プロシージャを実行すると、コードの2行目でオブジェクト変数「FSO」に
FileSystemObjectオブジェクトのインスタンスが生成されます。コード4行目で、変数
「MyPath」にデータベースファイルを保存しているフォルダのパスを格納しています。

①のIfステートメントで、

```
If Not FSO.FolderExists(MyPath & "test") Then
```

は、そのフォルダ内に「test」というフォルダが存在しない場合、

```
FSO.CreateFolder MyPath & "test"
```

で「test」フォルダを作成し、メッセージを表示します。

「test」フォルダが作成された

次に②の、

```
MyPath = MyPath & "test¥"
```

で変数「MyPath」に、今作った「test」フォルダ内のパスを格納しました。③では、「test」
フォルダの中に「01.txt」を作成、コピーして「02.txt」「03.txt」を作成しています。

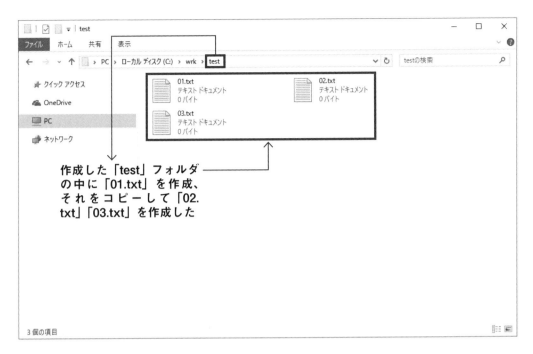

作成した「test」フォルダ
の中に「01.txt」を作成、
それをコピーして「02.
txt」「03.txt」を作成した

💬 memo

CopyFile メソッドで

```
FSO.CopyFile "C:\01.txt", "C:\test\"
```

は「C:\」フォルダにある「01.txt」を「C:\test」フォルダの中にコピーします。

```
FSO.CopyFile "C:\01.txt", "C:\02.txt"
```

は「C:\」フォルダにある「01.txt」を同じフォルダの中に「02.txt」と名前を変えコピーします。
また「*（ワイルドカード)」を使用することもできます。

```
FSO.CopyFile "C:\*.txt", "C:\test\"
```

ならば、「C:\」フォルダにある拡張子「.txt」のすべてのファイルを「C:\test」フォルダの中
にコピーします。

● Drive オブジェクト

FileSystemObject オブジェクトの GetDrive メソッドを使用することで、Drive オブジェクトを取得できます。Drive オブジェクトを取得する記述は次の通りです。

オブジェクト.GetDrive(ドライブ名)

オブジェクトには FileSystemObject オブジェクトを指定します。Drive オブジェクトの主なプロパティは次の通りです。

プロパティ	内容
DriveLetter	ドライブ名を取得する
DriveType	ドライブの種類の数値を取得する
FileSystem	ファイルシステムの種類として「FAT」「NTFS」「CDFS」のいずれかの文字列を返す
FreeSpace	使用可能なディスク空き容量をバイト単位で取得する
IsReady	ドライブの準備ができているかどうかを調べる
Path	ドライブのパスを取得する
ShareName	ドライブのネットワーク共有名を取得する
TotalSize	ドライブの総容量をバイト単位で取得する
VolumeName	ドライブのボリューム名を取得・設定する

DriveType プロパティが返す、ドライブの種類の数値は次の通りです。

数値	ドライブの種類
0	不明
1	リムーバブルディスク
2	ハードディスク
3	ネットワークドライブ
4	CD-ROM
5	RAMディスク

これらDriveオブジェクトのプロパティを使用することで、ドライブの詳細な情報を取得することができます。

それでは実際に、コードを記述して動作を確認してみましょう。

❶コードウィンドウに次のコードを追加してください。

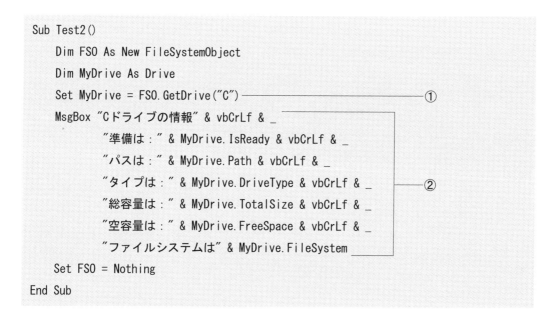

```
Sub Test2()
    Dim FSO As New FileSystemObject
    Dim MyDrive As Drive
    Set MyDrive = FSO.GetDrive("C") ─────────────────────────①
    MsgBox "Cドライブの情報" & vbCrLf & _
            "準備は：" & MyDrive.IsReady & vbCrLf & _
            "パスは：" & MyDrive.Path & vbCrLf & _
            "タイプは：" & MyDrive.DriveType & vbCrLf & _ ─②
            "総容量は：" & MyDrive.TotalSize & vbCrLf & _
            "空容量は：" & MyDrive.FreeSpace & vbCrLf & _
            "ファイルシステムは" & MyDrive.FileSystem
    Set FSO = Nothing
End Sub
```

「Test2」プロシージャを実行すると、①の

```
Set MyDrive = FSO.GetDrive("C")
```

でオブジェクト変数「MyDrive」にCドライブのDriveオブジェクトのインスタンスが生成されます。②では、Driveオブジェクトの各プロパティを取得し、メッセージとして表示させています。

Microsoft Access
×

Cドライブの情報
準備は：True
パスは：C:
タイプは：2
総容量は：31685865472
空容量は：14480797696
ファイルシステムはNTFS

OK

● Folderオブジェクト

FileSystemObjectオブジェクトのGetFolderメソッドを使用することで、Folderオブジェクトを取得できます。Folderオブジェクトを取得する記述は次の通りです。

オブジェクト.GetFolder(フォルダのパス)

オブジェクトにはFileSystemObjectオブジェクトを指定します。Folderオブジェクトの主なプロパティやメソッドは次の通りです。

プロパティ	内容
Attributes	フォルダの属性を取得・設定する
DateCreated	フォルダが作成された日時を取得する
DateLastAccessed	フォルダが最後にアクセスされた日時を取得する
DateLastModified	フォルダが最後に更新された日時を取得する
Drive	フォルダが含まれているドライブ名を取得する
Files	フォルダ内のすべてのファイルを取得する
IsRootFolder	フォルダがルートフォルダかどうかを調べる
Name	フォルダの名前を取得・設定する
Path	フォルダのパスを取得する
Size	フォルダ内のすべてのファイルとサブフォルダの合計サイズを取得する
SubFolders	フォルダ内のすべてのサブフォルダを取得する
Type	フォルダの種類を取得する
メソッド	内容
Copy	フォルダをコピーする
Delete	フォルダを削除する
Move	フォルダを移動する
CreateTextFile	新しいテキストファイルを作成する

これらFolderオブジェクトのプロパティ・メソッドを使用することで、フォルダの詳細な情報を取得したり、操作を行うことができます。

● File オブジェクト

FileSystemObjectオブジェクトのGetFileメソッドを使用することで、Fileオブジェクトを取得できます。Fileオブジェクトを取得する記述は次の通りです。

```
オブジェクト.GetFile( ファイルのパス)
```

オブジェクトにはFileSystemObjectオブジェクトを指定します。Fileオブジェクトの主なプロパティやメソッドは次の通りです。

プロパティ	内容
Attributes	ファイルの属性を取得・設定する
DateCreated	ファイルが作成された日時を取得する
DateLastAccessed	ファイルが最後にアクセスされた日時を取得する
DateLastModified	ファイルが最後に更新された日時を取得する
Drive	ファイルが含まれているドライブ名を取得する
Name	ファイルの名前を取得・設定する
Path	ファイルのパスを取得する
Size	ファイルのサイズを取得する
Type	ファイルの種類を取得する
メソッド	内容
Copy	ファイルをコピーする
Delete	ファイルを削除する
Move	ファイルを移動する
OpenAsTextStream	テキストファイルを開く

これらFileオブジェクトのプロパティ・メソッドを使用することで、ファイルの詳細な情報を取得したり、操作したりすることができます。

それでは実際に、コードを記述して動作を確認してみましょう。

❶コードウィンドウに次のコードを追加してください。

```
Sub Test3()
    Dim FSO As New FileSystemObject
    Dim MyFolder As Folder
```

次ページへ続く

```
    Dim MyFile As File
    Dim MyPath As String
    Dim MyStr As String
    MyPath = CurrentProject.Path & "¥"
    Set MyFolder = FSO.GetFolder(MyPath & "test") ─────────────── ①
    For Each MyFile In MyFolder.Files
            MyStr = MyStr & MyFile.Name & vbCrLf                    ②
    Next MyFile
    MsgBox "「test」フォルダには" & vbCrLf & _
            MyStr & "のファイルが存在します"
    MsgBox "「test」フォルダは" & _
            MyFolder.DateCreated & "に作成されました"                ③
    Set MyFolder = Nothing
    Set FSO = Nothing
End Sub
```

「Test3」プロシージャを実行すると、①の

```
  Set MyFolder = FSO.GetFolder(MyPath & "test")
```

でオブジェクト変数「MyFolder」に、先ほど作成した「test」フォルダのFolderオブジェクトのインスタンスが生成されます。②の

```
  For Each MyFile In MyFolder.Files
```

は、Folderオブジェクトにあるすべてのファイルに対して繰り返し処理を行い、「MyFile.Name」プロパティでファイルの名前を取得しています。

③の「MyFolder.DateCreated」プロパティは、Folderオブジェクトの作成日時を取得し、メッセージで表示させます。

> **memo**
>
> FileSystemObjectオブジェクトのCopyFileメソッドやDeleteFileメソッドと同じ処理を、File
> オブジェクトのCopyメソッドやDeleteメソッドで行うことができます。
> たとえば、
>
> ```
> Dim FSO As New FileSystemObject
> Dim MyFile As File
> Set MyFile = FSO.GetFile("C:\test1.txt")
> MyFile.Copy "C:\test2.txt"
> ```
>
> このコードでは、Cドライブのルートフォルダにある「test1.txt」ファイルを同一フォルダ内に
> 「test2.txt」という名前でコピーします。また、
>
> ```
> Dim FSO As New FileSystemObject
> Dim MyFile As File
> Set MyFile = FSO.GetFile("C:\test1.txt")
> MyFile.Delete
> ```
>
> このコードでは、Cドライブのルートフォルダにある「test1.txt」ファイルを削除します。
>
> 同様に、FileSystemObjectオブジェクトのCopyFolderメソッドやDeleteFolderメソッドと同じ
> 処理を、FolderオブジェクトのCopyメソッドやDeleteメソッドで行うことも可能です。

● TextStreamオブジェクト

FileSystemObjectオブジェクトのCreateTextFileメソッドやOpenTextFileメソッドを使用する
ことで、TextStreamオブジェクトを取得できます。TextStreamオブジェクトを取得する記述は
次の通りです。

```
オブジェクト.CreateTextFile(ファイル名, 上書き)
または
オブジェクト.OpenTextFile(ファイル名, 入出力モード)
```

オブジェクトにはFileSystemObjectオブジェクトを指定します。また、Folderオブジェクトの
CreateTextFileメソッド、FileオブジェクトのOpenAsTextStreamメソッドを使用しても、同様
にTextStreamオブジェクトを取得することができます。

CreateTextFileメソッドの引数「上書き」の指定は次の通りです。

値	内容
True（既定）	上書きする
False	上書きしない

OpenTextFileメソッドの引数「入出力モード」の指定は次の通りです。

定数	内容
ForReading（既定）	読み取り専用で開く、書き込みはできない
ForWriting	書き込み専用で開く、上書きで書き込まれる
ForAppending	書き込み専用で開く、追記で書き込まれる

TextStreamオブジェクトの主なプロパティやメソッドは次の通りです。

プロパティ	内容
AtEndOfLine	ファイルポインタが行末かどうかを調べる
AtEndOfStream	ファイルポインタが終端かどうかを調べる
Column	ファイルポインタの桁位置を取得する
Line	ファイルポインタの行位置を取得する
メソッド	内容
Close	テキストファイルを閉じる
Read	指定した数の文字を読み込む
ReadAll	すべての文字を読み込む
ReadLine	1行分の文字を読み込む
Skip	指定した数の文字をスキップして読み込む
SkipLine	1行分の文字をスキップして読み込む
Write	指定した数の文字を書き込む
WriteBlankLines	指定した数の改行文字を書き込む
WriteLine	1行分の文字と改行文字を書き込む

これらTextStreamオブジェクトのプロパティ・メソッドを使用することで、テキストファイルの読み込みや書き込みを行うことができます。

それでは実際に、コードを記述して動作を確認してみましょう。

❶コードウィンドウに次のコードを追加してください。

```
Sub Test4()
    Dim FSO As New FileSystemObject
    Dim MyText As TextStream
    Dim MyPath As String
    MyPath = CurrentProject.Path & "¥test"
    Set MyText = FSO.OpenTextFile(MyPath & "¥01.txt", ForWriting) ─────────①
    MyText.Write "12345"
    MyText.Write "67890"
    MyText.WriteBlankLines 1
    MyText.WriteLine "ABCDEFGHIJ"
    MyText.Close
    Set MyText = FSO.OpenTextFile(MyPath & "¥01.txt", ForReading) ─────────②
    MsgBox MyText.ReadLine
    MsgBox MyText.Read(5)
    MyText.Close
    Set MyText = Nothing
    FSO.DeleteFolder MyPath─────────────────────────────③
    Set FSO = Nothing
End Sub
```

「Test4」プロシージャを実行すると、①の

```
Set MyText = FSO.OpenTextFile(MyPath & "¥01.txt", ForWriting)
```

で「test」フォルダ内にある「01.txt」を書き込み専用モードで開きます。

```
MyText.Write "12345"
MyText.Write "67890"
```

は、「12345」と「67890」の文字列をファイルに書き込みますが、改行文字は書き込みません。ファイルはこのような状態になっています。

```
📄 01.txt - メモ帳
ファイル(F)  編集(E)  書式(O)  表示(V)  ヘルプ(H)
1234567890
   ↑
```
「12345」と「67890」を改行文字なしで書き込んでいる

```
MyText.WriteBlankLines 1
MyText.WriteLine "ABCDEFGHIJ"
```

で改行文字を1つ書き込んだ後、1行分の文字「ABCDEFGHIJ」と改行文字を書き込みました。
ファイルはこのような状態になっています。

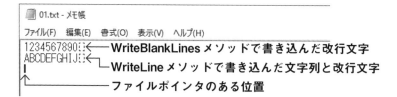

Closeメソッドで TextStream オブジェクトをいったん閉じ、②で今度は読み取り専用モード
で開きます。

```
MsgBox MyText.ReadLine
```

で、ファイルの1行目を取得、メッセージで表示します。ファイルのこの部分が読み込まれ
ました。

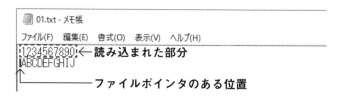

さらに

```
MsgBox MyText.Read(5)
```

で続きの5文字を取得、再度メッセージで表示します。ファイルのこの部分が読み込まれま
した。

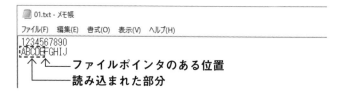

その後 TextStream オブジェクトを破棄し、③で「test」フォルダを削除してコードの実行を
終了します。

FileDialogオブジェクトの利用

FileDialogオブジェクトは、ファイルまたはフォルダを参照するダイアログボックスを表示し、ユーザーが選択したファイルまたはフォルダへのパスを格納します。FileDialogオブジェクトを使用するには、[参照設定] ダイアログボックスで「Microsoft Office XX.X Object Library」（XX.Xはバージョン番号）への参照を有効にする必要があります。

FileDialogオブジェクトを使用するには、オブジェクト変数にFileDialogオブジェクトへの参照を格納し、操作します。次のように記述します。

【ファイルを参照するダイアログボックスを表示する場合】

```
Dim オブジェクト変数 As FileDialog
Set オブジェクト変数 = Application.FileDialog(msoFileDialogFilePicker)
```

【フォルダを参照するダイアログボックスを表示する場合】

```
Dim オブジェクト変数 As FileDialog
Set オブジェクト変数 = Application.FileDialog(msoFileDialogFolderPicker)
```

FileDialog オブジェクトが持つ、主なプロパティとメソッドは次の通りです。

プロパティ	内容
Title	ダイアログボックスのタイトルを指定する
ButtonName	操作ボタンに表示される文字列を指定する
AllowMultiSelect	複数ファイルの選択が可能かどうかを設定する
InitialFileName	初期表示されるファイル名やフォルダのパスを指定する
InitialView	ファイルやフォルダの表示方法を MsoFileDialogView クラスの定数で指定する
Filters	ダイアログボックスで選択できるファイルの種類を設定する
FilterIndex	ダイアログボックスを開いたときに表示されるファイルの種類を設定する
SelectedItems	ユーザーが選択したファイルのパスを取得する
メソッド	内容
Show	ダイアログボックスを表示、[キャンセル] ボタンが選択されると「0」を、それ以外が選択されると「−1」を返す

InitialViewプロパティに指定する、主なMsoFileDialogViewクラスの定数は次の通りです。

定数	内容
msoFileDialogViewDetails	詳細表示
msoFileDialogViewLargeIcons	大きいアイコンで表示
msoFileDialogViewList	一覧表示
msoFileDialogViewPreview	プレビューで表示
msoFileDialogViewProperties	プロパティで表示
msoFileDialogViewSmallIcons	小さいアイコンで表示
msoFileDialogViewThumbnail	縮小表示

それでは実際に、コードを記述して動作を確認してみましょう。

❶VBEのプロジェクトエクスプローラから「FileDialogオブジェクト」モジュールをダブルクリックします。

❷［参照設定］ダイアログボックスで「Microsoft Office XX.X Object Library」（XX.Xはバージョン番号）への参照を有効に設定します。

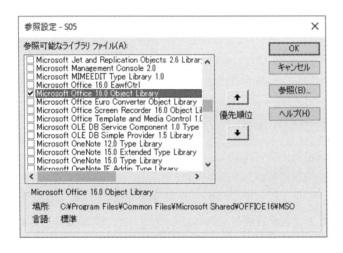

❸コードウィンドウに次のコードを記述してください。

```
Sub Test()
    Dim MyDialog As FileDialog
    Set MyDialog = FileDialog(msoFileDialogFilePicker)    ┐
                                                          ├①
    MyDialog.InitialFileName = CurrentProject.Path        ┘
    MyDialog.Filters.Clear                                ┐
                                                          ├②
    MyDialog.Filters.Add "テキスト", "*.txt", 1           ┘
```

```
        MyDialog.Filters.Add "エクセル", "*.xls", 2
        MyDialog.Filters.Add "すべてのファイル", "*.*", 3
        MyDialog.FilterIndex = 3
        If MyDialog.Show Then
            Debug.Print MyDialog.SelectedItems(1)
        Else                                                    ③
            Debug.Print "キャンセルされました"
        End If
        Set MyDialog = Nothing
End Sub
```

コードを実行すると、次のダイアログボックスが表示されます。

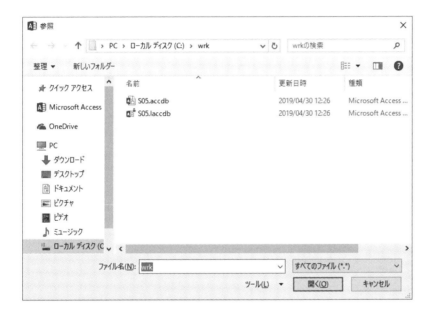

①では

```
Set MyDialog = FileDialog(msoFileDialogFilePicker)
```

で、ファイルを参照するダイアログボックスを表示するよう指定し、

```
MyDialog.InitialFileName = CurrentProject.Path
```

でInitialFileNameプロパティにデータベースファイルの保存されているフォルダを指定しました。そのため「S05.accdb」が保存されているフォルダが初期表示されます。

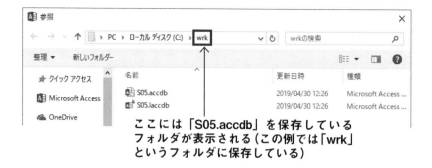

ここには「S05.accdb」を保存している
フォルダが表示される（この例では「wrk」
というフォルダに保存している）

②では、ダイアログボックスの［ファイルの種類］に適用されるフィルタを設定しています。

```
MyDialog.Filters.Add "テキスト", "*.txt", 1
```

は、ファイルの種類に「テキスト（*.txt)」を追加し、リストの1番目に表示させます。
リストの2番目、3番目の項目も同様に追加し、

```
MyDialog.FilterIndex = 3
```

でリストの3番目に設定したファイルの種類［すべてのファイル（*.*)］が、ダイアログ
ボックスを開いたときに表示されるよう設定しています。

③のIfステートメントで、

```
If MyDialog.Show Then
```

の条件式はShowメソッドの戻り値が「−1」のときは「True」、「0」のときは「False」に条
件分岐します。そのため、ファイルが選択されたときは

```
Debug.Print MyDialog.SelectedItems(1)
```

で選択したファイルのパスを、［キャンセル］ボタンがクリックされたときは、「キャンセル
されました」の文字列を、それぞれイミディエイトウィンドウに出力します。

📎 **memo**

フォルダを選択するダイアログは「Shell.Application」を利用することでも表示できます。
たとえば、次のコードを実行すると、

```
Sub Test()
    Dim MyShell As Object
    Set MyShell = CreateObject("Shell.Application")
    Set MyShell = _
        MyShell.BrowseForFolder(&H0, "フォルダを選択", &H0)
    If Not MyShell Is Nothing Then
        Debug.Print MyShell.Items.Item.Path
        Set MyShell = Nothing
    End If
End Sub
```

次のダイアログボックスが表示され、フォルダを選択できます。

フォルダを選択するとオブジェクト変数「MyShell」にフォルダへの参照が格納され、「MyShell.Items.Item.Path」プロパティで選択したフォルダのパスを取得することができます。

> **重要**
> ファイルまたはフォルダを選択するダイアログボックスから取得できるのは、選択したファイルまたはフォルダへのパスを表す文字列です。ファイルやフォルダを実際に操作する処理は、別に記述する必要があるので注意してください。

5
応用プログラミング

5-3 | OLEオートメーション

OLEオートメーションを使用すると、OLEオートメーション機能をサポートしているアプリケーションのオブジェクトを一時的に作成し、利用できるようになります。

OLEは「Object Linking and Embedding」の略称で、アプリケーション間でオブジェクトをやり取りするための規格です。OLEオートメーションとは、このOLEを利用して、外部のアプリケーションのオブジェクトを操作する機能を指します。

Excelとの連携

Excelを連携させることで、複雑なグラフの作成などAccessだけでは実現が難しい処理を、代わりに実行させることができるようになります。Access VBAからExcelを操作するには、オブジェクト変数にExcelへの参照を格納し、このオブジェクト変数を使って操作します。オブジェクト変数にExcelへの参照を格納するには、次の2通りの方法があります。

●事前バインディングによる参照

① [参照設定] ダイアログボックスで「Microsoft Excel XX.X Object Library」(XX.Xはバージョン番号)への参照を有効に設定する

②
```
Dim オブジェクト変数 As Excel.Application
Set オブジェクト変数 = New Excel.Application
```

または

```
Dim オブジェクト変数 As New Excel.Application
```

でExcelへの参照を格納する

● 実行時バインディングによる参照

①
```
Dim オブジェクト変数 As Object
Set オブジェクト変数 = CreateObject("Excel.Application")
```

でExcelへの参照を格納する

Excelには「Excel.Application」以外にも、オートメーションサーバに使用できるオブジェクトがあります。Excelで使用できる主なオブジェクトは、次の通りです。

オブジェクトのクラス名	オブジェクトの種類
Excel.Application	Excelアプリケーション本体
Excel.Sheet	Excelワークシート
Excel.Chart	Excelグラフ

それでは実際に、コードを記述して動作を確認してみましょう。

❶ VBEのプロジェクトエクスプローラから「OLE オートメーション」モジュールをダブルクリックします。

❷ [参照設定] ダイアログボックスで「Microsoft Excel XX.X Object Library」（XX.Xはバージョン番号）への参照を有効に設定します。

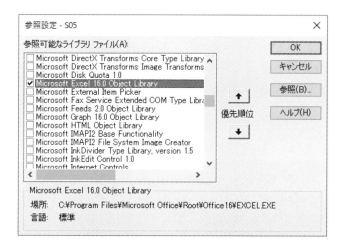

❸コードウィンドウに次のコードを記述してください。

```
Sub Test1()
    Dim MyExcel As New Excel.Application
    Dim MyBook As Workbook
    Dim i As Long, j As Long
    MyExcel.Visible = True ─────────────────────────────────①
    Set MyBook = MyExcel.Workbooks.Add ─────────────────────②
    For i = 1 To 5
        For j = 1 To 5
            MyBook.ActiveSheet.Cells(i, j).Value _
                = "test(" & i & "," & j & ")"         ③
        Next j
    Next i
    MsgBox "Excelを開きました"
    MyBook.SaveAs CurrentProject.Path & "\sample" ──────────④
    MyExcel.Quit
    Set MyBook = Nothing
    Set MyExcel = Nothing
End Sub
```

❹「Test1」プロシージャを実行すると、Excelが起動します。①で起動したExcelを表示し、
②の

```
    Set MyBook = MyExcel.Workbooks.Add
```

でオブジェクト変数「MyBook」に新規作成したブックのインスタンスを生成します。③でア
クティブシートの「A1:E5」の範囲のセルに文字列を格納した後、メッセージを表示します。
Excelのウィンドウの状態によってはメッセージが背後に隠れて見えないときがあります。そ
のときはメッセージが見えるようにウィンドウサイズを調整します。

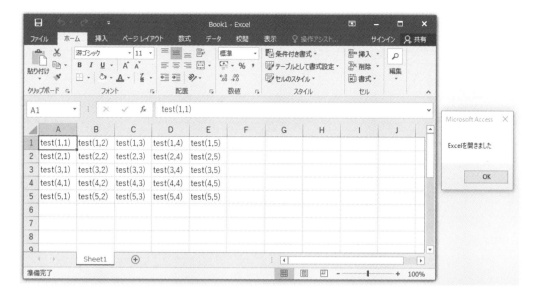

④の

```
MyBook.SaveAs CurrentProject.Path & "¥sample"
```

でデータベースファイルのあるフォルダに「sample」の名前でブックを保存した後、「MyExcel.
Quit」でExcelを終了させます。

❺もうひとつコードを追加してみましょう。

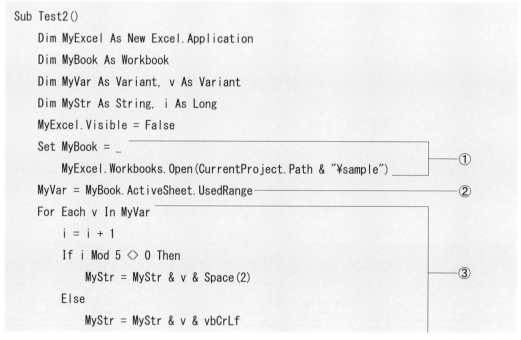

```
Sub Test2()
    Dim MyExcel As New Excel.Application
    Dim MyBook As Workbook
    Dim MyVar As Variant, v As Variant
    Dim MyStr As String, i As Long
    MyExcel.Visible = False
    Set MyBook = _
        MyExcel.Workbooks.Open(CurrentProject.Path & "¥sample")    ①
    MyVar = MyBook.ActiveSheet.UsedRange    ②
    For Each v In MyVar
        i = i + 1
        If i Mod 5 <> 0 Then
            MyStr = MyStr & v & Space(2)    ③
        Else
            MyStr = MyStr & v & vbCrLf
```

次ページへ続く

```
        End If
    Next v
    MsgBox MyStr
    MyExcel.Quit
    Set MyBook = Nothing
    Set MyExcel = Nothing
End Sub
```

❻「Test2」プロシージャを実行すると、Excelが起動しますが、「MyExcel.Visible = False」と
しているため、今回はExcelを非表示にしたままExcelを操作します。

①の

```
 Set MyBook = MyExcel.Workbooks.Open(CurrentProject.Path & "¥sample")
```

でオブジェクト変数「MyBook」に先ほど保存した「sample」ブックのインスタンスを生成
します。

②の

```
 MyVar = MyBook.ActiveSheet.UsedRange
```

で、アクティブシートの使用している範囲「A1:E5」のセルの値をVariant型の変数「MyVar」
に配列として格納します。③で変数「MyStr」に配列の中身を文字列にして代入し、メッセー
ジとして表示させた後、Excelを終了させます。

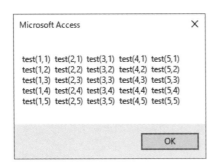

5-4 VBAの高速化

VBAにおける処理は、高速である方が望ましいことはいうまでもありません。しかし最近のコンピュータは、処理速度・メモリ量ともに、著しく性能が向上しているため、特に高速化を意識しなくても十分に速くプログラムを実行することができます。ここではVBAの高速化の考え方に触れながら、**より効率的なプログラミングとはなにか、無駄な処理を行わないためにはどうすればよいのか**、などについて解説していきます。

高速化の考え方

高速化には2つのアプローチがあります。ひとつ目は、できる限り無駄な処理を行わないこと、2つ目は、より処理速度の速い処理を選択することです。

● 無駄な処理を行わないヒント

無駄な処理の多くは、繰り返し処理や分岐処理の中に隠れています。たとえば、次のようなコードには、高速化のヒントが考えられます。

```
For i = 0 To UBound(MyStr)
    If MyStr(i) = "安藤" Then
        MyBln = True
    End If
Next i
```

この処理は、配列変数「MyStr」の中に「安藤」の文字列が見つかれば、変数「MyBln」に「True」を格納します。しかしこの繰り返し処理は、「安藤」の文字列が見つかった後も、配列の最後まで繰り返し処理を続けてしまいます。次のようにすれば、処理が高速化されます。

```
    For i = 0 To UBound(MyStr)
        If MyStr(i) = "安藤" Then
            MyBln = True
            Exit For
        End If
    Next i
```

こうすれば、「安藤」の文字列が見つかったときに、Exit ステートメントで繰り返し処理を抜けるため、無駄な処理を行うことがありません。次のようなケースではどうでしょう?

```
    For i = 1 To 10
        ' 処理1
        For j = 1 To 10
            ' 処理2
            For k = 1 To 10
                ' 処理3
            Next k
        Next j
    Next i
```

この場合、「処理1」は10回しか繰り返し処理を行わないのに対し、「処理3」は1000回繰り返し処理を行います。「処理1」の処理時間を1/100秒短縮しても、全体で0.1秒しか短縮できませんが、「処理3」の処理時間を1/100秒短縮すれば、全体で10秒の時間を短縮することが可能です。

● 処理速度の速い処理を使用するヒント

VBAでは、同じ処理を行うためのコードや手法が、数多く用意されています。その中から、より高速な方法を選択することで、処理を高速化することが可能です。たとえば、本章で解説した事前バインディングと実行時バインディングでは、事前バインディングを選択する方がより高速に処理を行います。

他にも、次のような高速化のヒントが考えられます。

● レコードの検索を行う場合、定義域集計関数を使うよりも、同じ処理を行うSQLを使用してRecordsetオブジェクトから結果を得る方が高速に処理できる。

```
    MyStr = DLookup("社員名", "社員マスタ", "社員番号 = 'S08000'")
```

このコードはDLookup関数を使用して［社員マスタ］テーブルから社員番号が「S08000」の社員の名前を、変数「MyStr」に格納します。
このコードは、次のように記述した方が高速に動作します。

```
Set DB = CurrentDb()
SQL = "SELECT 社員名 FROM 社員マスタ WHERE 社員番号 = 'S08000'"
Set RS = DB.OpenRecordset(SQL)
MyStr = RS.Fields("社員名")
```

同じ処理を、SQLを使用しRecordsetオブジェクトから取得します。この方がより高速に動作します。

● Databaseオブジェクトを使った追加処理よりも、Recordsetオブジェクトを使った追加処理の方が高速に処理できる。

```
For i = 1 To 1000
    SQL = "INSERT INTO 社員マスタ " & _
          "(社員番号, 社員名, 社員区分, 部署コード) " & _
          "VALUES (" & _
          "'S" & Format(i, "00000") & "', " & _
          "'SyainName', " & _
          "1," & _
          "'B001')"
    DB.Execute SQL
Next i
```

上のコードはDatabaseオブジェクトのExecuteメソッドを実行して、［社員マスタ］テーブルにダミーのデータを1000件追加します。
このコードは、次のように記述した方が高速に動作します。

```
Set DB = CurrentDb()
SQL = "SELECT * FROM 社員マスタ"
Set RS = DB.OpenRecordset(SQL)
For i = 1 To 1000
    RS.AddNew
    RS.Fields("社員番号") = "S" & Format(i, "00000")
    RS.Fields("社員名") = "SyainName"
```

次ページへ続く

```
        RS.Fields("社員区分") = 1
        RS.Fields("部署コード") = "B001"
        RS.Update
    Next i
```

同じ処理を、Recordsetオブジェクトを使用して実行します。この方がより高速に動作します。

> **memo**
> Databaseオブジェクトや Recordsetオブジェクトについては、「第7章　ADO／DAO」にて詳しく解説します。

この他にも変数の型を、適切な型かつ適切な適用範囲で宣言することは、メモリの無駄な消費を抑えます。また、Withステートメントを利用して、オブジェクトの参照回数を減らすことも処理の高速化につながります。

VBAの高速化で大事なことは、**より無駄が少なく、より適切なコードを記述するよう**、心がけることにあります。可読性の高いコードは、見た目にも美しく動作も高速です。

 重要 必要以上に高速化にこだわることはありません。冒頭でも述べましたが、現在のコンピュータは十分高速に動作します。コードの可読性を下げてまで、高速化を行うことは推奨しません。

これで第5章の実習を終了します。実習ファイル「S05.accdb」を閉じ、Accessを終了します。[オブジェクトの保存] ダイアログボックスが表示されるので [はい] ボタンをクリックし、オブジェクトの変更を保存します。

6

SQL

この章では、データベースから任意のデータを抽出したりグループ化したりするためのさまざまな手法、また SQL に関する、より応用的な知識について解説します。

6-1 あいまい検索

SQLとは、「Structured Query Language」の略で、データベースを操作するための言語です。ここでは、SQLを使用して**あいまいな条件による検索**を行う方法を解説します。

パターンマッチングによる条件指定

テーブルから条件を指定して特定のレコードを抽出するには、SELECTステートメントにWHERE句を使用し、条件を指定します。

```
SELECT * FROM テーブル名 WHERE 抽出条件;
または
SELECT フィールド名1, フィールド名2, フィールド名3 … FROM テーブル名
WHERE 抽出条件;
```

このとき、抽出条件に**Like演算子**を使用することで、パターンマッチングによる条件指定を行うことが可能です。パターンマッチングは、指定したパターン文字列と一致したレコードを抽出します。Like演算子を使用した抽出条件の記述は、次の通りです。

```
フィールド名 Like "パターン文字列"
```

また、パターン文字列で使用できるワイルドカードには次のものがあります。

文字	説明	例	抽出結果
*	任意の数の文字	Like " * 本 "	本、見本、単行本など
?	任意の1文字	Like "? 本 "	日本、岡本、見本など
#	任意の1文字の数字	Like "# 組 "	1組、2組など
[文字リスト]	文字リスト内の1文字	Like "g[eo]t"	get、gotなど
[!文字リスト]	文字リスト以外の1文字	Like "p[!eo]t"	pat、putなど
[文字1-文字2]	文字1~2の範囲の1文字	Like "b[a−c]t"	bat、bbt、bctなど
[!文字1-文字2]	文字1~2の範囲以外の1文字	Like "b[!a−c]t"	bet、bitなど

ここで「文字1-文字2」と範囲を指定する際には、[a-z] のように昇順で範囲を指定する必要があります。[z-a] のように降順で範囲を指定すると正しく検索を行いません。

6
S
Q
L

> **重要**
>
> SQLでワイルドカードを用いて検索する場合、SQLのクエリモードに注意してください。Accessには「ANSI-89」と「ANSI-92」の2つのクエリモードが存在します。ANSI-89は、通常のデータベースファイルに対してクエリを実行するときや「DAO」というオブジェクトを用いてデータにアクセスする際に使用されます。
>
> これに対してANSI-92は、Microsoft SQL Serverに接続されたデータベースファイルに対してクエリを実行するときや「ADO」というオブジェクトを用いてデータにアクセスする際に使用されます。
>
> DAOとADOに関しては、「第7章 ADO/DAO」にて詳しく解説します。ANSI-89とANSI-92では、ワイルドカードに使用される文字が異なるので注意が必要です。ANSI-89とANSI-92のワイルドカード文字の違いは、次の通りです。
>
> | ANSI-89 | ANSI-92 | 説明 |
> |---|---|---|
> | * | % | 任意の数の文字 |
> | ? | - | 任意の1文字 |
> | [!文字リスト] | [^文字リスト] | 文字リスト以外の1文字 |

それでは実際に、コードを記述して動作を確認してみましょう。

❶実習ファイル「S06.accdb」を開きます。

❷「あいまい検索」モジュールをダブルクリックしてVBEを起動します。

❸コードウィンドウに次のコードを記述してください。

```
Sub Test1()
    Dim StrSQL As String
    StrSQL = "SELECT 社員番号, 社員名 " & _
            "FROM T社員名簿 " & _
            "WHERE 社員名 Like '*藤*';"
    CurrentDb.QueryDefs("Qクエリ").SQL = StrSQL
    DoCmd.OpenQuery "Qクエリ"
End Sub
```

❹コードを実行すると、[Qクエリ] クエリが開き、社員名に「藤」の文字を含むレコードが選択されます。

コードの5行目「WHERE 社員名 Like ' * 藤＊'」の部分で、Like 演算子の抽出条件に「＊藤＊」、つまり「藤」の文字を含むという条件を指定しています。そのため、「藤」を含む3件のレコードが選択されました。

❺結果を確認したら [Qクエリ] クエリを閉じます。

❻もうひとつコードを記述しましょう。

```
Sub Test2()
    Dim StrSQL As String
    StrSQL = "SELECT 社員番号, 社員名 " & _
            "FROM T社員名簿 " & _
            "WHERE 社員名 Like '*[藤野]*';"
    CurrentDb.QueryDefs("Qクエリ").SQL = StrSQL
    DoCmd.OpenQuery "Qクエリ"
End Sub
```

❼コードを実行すると、今度は社員名に「藤」または「野」の文字を含むレコードが選択されます。

今回は、Like演算子の抽出条件に「＊[藤野]＊」、つまり**文字リスト「藤」または「野」のいずれかを含む**という条件を指定しています。そのため、「藤」または「野」を含む5件のレコードが選択されました。

❽結果を確認したら [Qクエリ] クエリを閉じます。

6-2 | レコードのグループ化

レコードをグループ化して抽出するとき、集計関数を使用して統計情報を取得することができます。

レコードをグループ化する

GROUP BY句を使用することで、レコードをグループ化することができます。グループ化は主にグループの統計情報を取得する際に行い、ひとつまたは複数のフィールドを指定してグループ化を行います。GROUP BY句を使用した記述は次の通りです。

```
SELECT … FROM テーブル名 GROUP BY フィールド名1, フィールド名2 …;
```

GROUP BY句に複数のフィールドを指定した場合は、左にあるフィールドを優先してグループ化します。また、グループ化したレコードから統計情報を取得するには、SQL集計関数を使用します。主なSQL集計関数は、次の通りです。

関数	説明
Count(フィールド名)	引数に指定したフィールドがNull値以外のレコード件数を返す。引数に「*（アスタリスク）」を指定するとNull値も含めたレコード件数を返す
Avg(フィールド名)	引数に指定したフィールドの平均値を返す
Sum(フィールド名)	引数に指定したフィールドの合計値を返す
Min(フィールド名)	引数に指定したフィールドの最小値を返す
Max(フィールド名)	引数に指定したフィールドの最大値を返す

これら、SQL集計関数を使用した記述は次の通りです。

```
SELECT 関数(フィールド名1) AS 別名1, 関数(フィールド名2) AS 別名2 FROM テーブル名;
```

集計関数を使用したフィールドに別名を指定すると、実行結果が分かりやすくなります。別名を指定しない場合、「Expr1001」など、Accessが便宜的に付けたフィールド名が適用されます。

グループへの条件指定

GROUP BY句を使用してグループ化した結果に対して、条件を指定することができます。グループ化した結果に対して条件を指定するには、**HAVING句**を使用します。HAVING句の記述は次の通りです。

```
SELECT … FROM テーブル名 GROUP BY フィールド名1, フィールド名2 …
HAVING 条件式;
```

> **memo**
>
> WHERE句は、グループ化する前のレコードに対して条件式を指定します。これに対し、HAVING句はグループ化した後のレコードに対して条件式を指定します。WHERE句ではSQL集計関数を条件式に使用できませんが、HAVING句では使用することができます。

それでは実際に、コードを記述して動作を確認してみましょう。

❶VBEのプロジェクトエクスプローラより「グループ化」モジュールをダブルクリックします。

❷コードウィンドウに次のコードを記述してください。

```
Sub Test1()
    Dim StrSQL As String
    StrSQL = "SELECT 部署コード, " & _
            "Sum(年齢) AS 年齢合計 " & _
            "FROM T社員名簿 " & _
            "GROUP BY 部署コード " & _
            "HAVING Sum(年齢) >= 90;"
    CurrentDb.QueryDefs("Qクエリ").SQL = StrSQL
    DoCmd.OpenQuery "Qクエリ"
End Sub
```

❸コードを実行すると、[部署コード] フィールドによってグループ化され、[年齢] フィールドの合計が表示されます。

部署コード	年齢合計
B001	95
B005	90

コードの7行目「HAVING Sum(年齢) >= 90」の部分で、年齢の合計が「90」以上のレコードのみ抽出しています。そのため、部署ごとの年齢合計が90以上になる「B001」と「B005」の部署コードのレコードのみ抽出されました。

❹結果を確認したら［Qクエリ］クエリを閉じます。

❺もうひとつコードを記述しましょう。

```
Sub Test2()
    Dim StrSQL As String
    StrSQL = "SELECT 部署コード, " & _
            "Sum(年齢) AS 年齢合計 " & _
            "FROM T社員名簿 " & _
            "WHERE 部署コード <> 'B001' " & _
            "GROUP BY 部署コード " & _
            "HAVING Sum(年齢) >= 90;"
    CurrentDb.QueryDefs("Qクエリ").SQL = StrSQL
    DoCmd.OpenQuery "Qクエリ"
End Sub
```

❻コードを実行すると、今度は「B005」の部署コードのレコードのみ抽出されました。

今回は「WHERE 部署コード <> 'B001'」で、グループ化する前に「B001」の部署コードのレコードを除外しています。そのため、年齢合計が90以上になるレコードは「B005」の部署コードのレコードしかありません。

❼結果を確認したら［Qクエリ］クエリを閉じます。

6-3 テーブルの結合

複数のテーブルからデータを取得して、ひとつにまとめることをテーブルの結合と呼びます。ここではテーブルの結合の種類とその方法について解説します。

内部結合

2つのテーブルの共通するフィールド（結合フィールド）の値が一致する場合のみ、2つのテーブルのレコードを結合します。これを**内部結合**と呼びます。内部結合をさせるには、**INNER JOIN句**を使用します。INNER JOIN句を用いた、内部結合の方法は次の通りです。

```
SELECT … FROM テーブル名1 INNER JOIN テーブル名2
ON テーブル名1.結合フィールド = テーブル名2.結合フィールド;
```

> **memo**
> 結合フィールドは、同じフィールド名である必要はありません。ただし、データ型と種類が同じである必要があります。

それでは実際に、コードを記述して動作を確認してみましょう。

❶VBEのプロジェクトエクスプローラより「テーブルの結合」モジュールをダブルクリックします。

❷コードウィンドウに次のコードを記述してください。

```
Sub Test1()
    Dim StrSQL As String
    StrSQL = "SELECT T商品マスタ.商品コード, " & _
            "商品名, 在庫数 " & _
            "FROM T商品マスタ " & _
            "INNER JOIN T在庫マスタ " & _
            "ON T商品マスタ.商品コード = T在庫マスタ.商品コード;"
```

```
    CurrentDb.QueryDefs("Qクエリ").SQL = StrSQL
    DoCmd.OpenQuery "Qクエリ"
End Sub
```

❸コードを実行すると、次の3件のレコードが結合され、抽出されます。

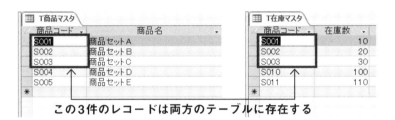

商品コード「S001」「S002」「S003」の3件のレコードは、[T商品マスタ]テーブル、[T在庫マスタ]テーブルの両方に存在するレコードです。

INNER JOIN句を用いて[商品コード]フィールドを結合フィールドに、2つのテーブルを結合しました。そのため、両方のテーブルに共通して存在する3件の商品コードのレコードが返りました。

❹結果を確認したら[Qクエリ]クエリを閉じます。

外部結合

「1-3　データベース設計」の「結合の種類」でも解説しましたが、内部結合では、結合フィールドの値が一致するレコードのみ結合されるのに対し、結合フィールドの値が一致しないレコードであっても結果を取得したいケースがあります。この場合は**外部結合**を利用することで、**結合フィールドの値が一致しないレコードを含んだ結果を取得する**ことができます。

外部結合には**左外部結合と右外部結合**の2つがあり、左外部結合は左側（一側）のテーブルの全レコードと、それに一致する右側（多側）のテーブルのレコードが、右外部結合では右側（多側）のテーブルの全レコードと、それに一致する左側（一側）のテーブルのレコードが結合されます。左外部結合は**LEFT JOIN句**、右外部結合は**RIGHT JOIN句**を使用します。LEFT JOIN句、RIGHT JOIN句による記述は、次の通りです。

175

【左外部結合】

```
SELECT … FROM テーブル名1 LEFT JOIN テーブル名2
ON テーブル名1.結合フィールド = テーブル名2.結合フィールド;
```

【右外部結合】

```
SELECT … FROM テーブル名1 RIGHT JOIN テーブル名2
ON テーブル名1.結合フィールド = テーブル名2.結合フィールド;
```

> **◆memo**
> LEFT JOIN句、RIGHT JOIN句で結合したテーブルにレコードが存在しない場合、**Null値がセ
> ットされます。**

それでは実際に、コードを記述して動作を確認してみましょう。

❶コードウィンドウに次のコードを記述してください。

```
Sub Test2()
    Dim StrSQL As String
    StrSQL = "SELECT T商品マスタ.商品コード, " & _
            "商品名, 在庫数 " & _
            "FROM T商品マスタ " & _
            "LEFT JOIN T在庫マスタ " & _
            "ON T商品マスタ.商品コード = T在庫マスタ.商品コード;"
    CurrentDb.QueryDefs("Qクエリ").SQL = StrSQL
    DoCmd.OpenQuery "Qクエリ"
End Sub
```

❷コードを実行すると、次の5件のレコードが結合され、抽出されます。

商品コード「S004」「S005」のレコードは、[T在庫マスタ] テーブルに存在しません。し
かし、左外部結合で [T商品マスタ] テーブルを左側に、[T在庫マスタ] テーブルを右側に
結合したため、[T商品マスタ] テーブルの全レコードが返されました。[T在庫マスタ] テー
ブルに存在しない「S004」「S005」の在庫数にはNull値がセットされています。

❸結果を確認したら［Qクエリ］クエリを閉じます。

❹もうひとつコードを記述しましょう。

```
Sub Test3()
    Dim StrSQL As String
    StrSQL = "SELECT T在庫マスタ.商品コード," & _
             "商品名, 在庫数 " & _
             "FROM T商品マスタ " & _
             "RIGHT JOIN T在庫マスタ " & _
             "ON T商品マスタ.商品コード = T在庫マスタ.商品コード;"
    CurrentDb.QueryDefs("Qクエリ").SQL = StrSQL
    DoCmd.OpenQuery "Qクエリ"
End Sub
```

❺コードを実行すると、次の5件のレコードが結合され、抽出されます。

商品コード ▾	商品名 ▾	在庫数 ▾
S001	商品セットA	10
S002	商品セットB	20
S003	商品セットC	30
S010		100
S011		110
*		

商品コード「S010」「S011」のレコードは、［T商品マスタ］テーブルに存在しません。し
かし、右外部結合で［T商品マスタ］テーブルを左側に、［T在庫マスタ］テーブルを右側に
結合したため、［T在庫マスタ］テーブルの全レコードが返されました。［T商品マスタ］テー
ブルに存在しない「S010」「S011」の商品名にはNull値がセットされています。

❻結果を確認したら［Qクエリ］クエリを閉じます。

不一致レコードの抽出

外部結合で抽出条件にNull値のレコードを指定することで、不一致レコードを抽出することがで
きます。たとえば、［新客先マスタ］テーブルと［旧客先マスタ］テーブルの不一致レコードを
抽出する場合、

```
SELECT 新客先マスタ.客先名
FROM 新客先マスタ
LEFT JOIN 旧客先マスタ
ON 新客先マスタ.客先番号 = 旧客先マスタ.客先番号
WHERE 旧客先マスタ.客先番号 IS NULL;
```

と記述することで、[新客先マスタ] テーブルにあって [旧客先マスタ] テーブルにないレコードを抽出することができます。

それでは実際に、コードを記述して動作を確認してみましょう。

❶ コードウィンドウに次のコードを記述してください。

```
Sub Test4()
    Dim StrSQL As String
    StrSQL = "SELECT T商品マスタ.商品コード " & _
            "FROM T商品マスタ " & _
            "LEFT JOIN T在庫マスタ " & _
            "ON T商品マスタ.商品コード = T在庫マスタ.商品コード " & _
            "WHERE T在庫マスタ.商品コード IS NULL;"
    CurrentDb.QueryDefs("Qクエリ").SQL = StrSQL
    DoCmd.OpenQuery "Qクエリ"
End Sub
```

❷ コードを実行すると、次の2件のレコードが結合され、抽出されます。

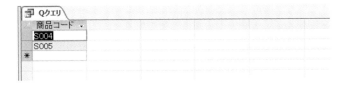

商品コード「S004」「S005」のレコードは、[T在庫マスタ] テーブルに存在しません。左外部結合で

```
WHERE T 在庫マスタ.商品コード IS NULL
```

の条件にてレコードを抽出したため、[T在庫マスタ] テーブルに存在しない「S004」「S005」のレコードが不一致レコードとして抽出されました。

❸ 結果を確認したら [Q クエリ] クエリを閉じます。

UNIONによる結合

複数のテーブルやクエリの結果をひとつにまとめて取得するには、**UNION演算子**を使用します。UNION演算子は、各テーブルやクエリの結果のレコードの構造が、同じである場合に利用できます。UNION演算子を使用した記述は、次の通りです。

```
SELECT フィールド名1, フィールド名2 … FROM テーブル名1
UNION
SELECT フィールド名1, フィールド名2 … FROM テーブル名2;
```

UNION演算子を用いて結果をひとつにまとめた場合、重複するレコードは除外され1件のレコードにまとめられます。

それでは実際に、コードを記述して動作を確認してみましょう。

❶ コードウィンドウに次のコードを記述してください。

```
Sub Test5()
    Dim StrSQL As String
    StrSQL = "SELECT * FROM T社員名簿 " & _
             "UNION " & _
             "SELECT * FROM T新入社員;"
    CurrentDb.QueryDefs("Qクエリ").SQL = StrSQL
    DoCmd.OpenQuery "Qクエリ"
End Sub
```

❷ コードを実行すると、[T社員名簿] テーブルと [T新入社員] テーブルがひとつの結果にまとめられます。

[T社員名簿] テーブルのレコード

社員番号	社員名	部署コード	年齢	給与	住所1	住所2
1001	安藤昭雄	B001	60	560000	愛知県	○○市○○町
1002	伊藤一郎	B002	50	450000	岐阜県	△△市△△町
1003	宇野馬之介	B003	30	320000	三重県	□□□郡□□
1004	江口恵美子	B004	30	300000	愛知県	○○郡○○○
1005	尾崎おさむ	B003	20	250000	愛知県	△△△郡△村
1006	加藤和生	B001	35	380000	愛知県	○○市○○町
1007	木村喜代子	B004	45	400000	静岡県	○○市○○
1008	久野邦彦	B005	55	520000	岐阜県	△△市△△町
1009	研健次郎	B005	35	360000	三重県	○○市○○
1010	小島浩二	B002	25	260000	愛知県	□□郡□□町
1011	佐藤小百合	B005	18	220000	愛知県	○○市○○町
1012	篠田真一	B005	20	230000	愛知県	△△市△△町
1013	須崎末春	B006	22	240000	愛知県	□□□郡□□
1014	関根誠司	B003	18	220000	静岡県	○○郡○○○

[T新入社員] テーブルのレコード

❸結果を確認したら［Qクエリ］クエリを閉じます。

> ◆memo
>
> UNION演算子に「ALL」述語を追加し「UNION ALL」と指定すると、重複レコードを除外することなく、すべてのレコードを返します。また、重複するレコードを除外する必要がないため高速に動作します。

6-4 テーブル定義の変更

既存のテーブルの定義を変更するには、「ALTER TABLE」ステートメントを使用します。

テーブルの定義を変更する

ALTER TABLEステートメントを利用することで、テーブルにフィールドを追加・削除したり、テーブルのフィールドの定義を変更したりすることができます。ALTER TABLEステートメントの記述は、次の通りです。

【新しいフィールドを追加する場合】

```
ALTER TABLE テーブル名 ADD COLUMN フィールド名 データ型(サイズ);
```

【既存のフィールドの属性を変更する場合】

```
ALTER TABLE テーブル名 ALTER COLUMN フィールド名 データ型(サイズ);
```

【既存のフィールドを削除する場合】

```
ALTER TABLE テーブル名 DROP COLUMN フィールド名;
```

それでは実際に、コードを記述して動作を確認してみましょう。

❶VBEのプロジェクトエクスプローラより「テーブルの定義」モジュールをダブルクリックします。

❷コードウィンドウに次のコードを記述してください。

```
Sub Test1()
    Dim StrSQL As String
    StrSQL = "ALTER TABLE T在庫マスタ " & _
            "ADD COLUMN 備考 TEXT(4);"
    CurrentDb.QueryDefs("Qクエリ").SQL = StrSQL
```

次ページへ続く

```
    DoCmd.SetWarnings False
    DoCmd.OpenQuery "Qクエリ"
    DoCmd.SetWarnings True
End Sub
```

❸コードを実行すると、[T在庫マスタ]テーブルに[備考]フィールドが新しく作成されます。
[T在庫マスタ]テーブルをデザインビューで開いて確認してください。

❹結果を確認したらデザインビューを閉じます。

先ほどのコードは、次のように記述しても同様の動作をします。

```
Sub Test1()
    Dim StrSQL As String
    StrSQL = "ALTER TABLE T在庫マスタ " & _
            "ADD COLUMN 備考 TEXT(4);"
    DoCmd.SetWarnings False
    DoCmd.RunSQL StrSQL
    DoCmd.SetWarnings True
End Sub
```

このコードは、6行目の「DoCmd.RunSQL StrSQL」でDoCmdオブジェクトのRunSQLメソッドを使用してSQLステートメントを実行しています。RunSQLメソッドは、引数で指定されたSQLステートメントの内容を実行します。ただし実行できるのは、更新や削除などのアクションクエリのみで、選択クエリを実行することはできません。

❺もうひとつコードを記述しましょう。

```
Sub Test2()
    Dim StrSQL As String
    StrSQL = "ALTER TABLE T在庫マスタ " & _
             "ALTER COLUMN 備考 TEXT(40);"
    CurrentDb.QueryDefs("Qクエリ").SQL = StrSQL
    DoCmd.SetWarnings False
    DoCmd.OpenQuery "Qクエリ"
    DoCmd.SetWarnings True
End Sub
```

❻コードを実行すると、[T在庫マスタ]テーブルに作成された[備考]フィールドのフィールドサイズを「40」に変更します。[T在庫マスタ]テーブルをデザインビューで開いて確認してください。

❼結果を確認したらデザインビューを閉じます。

6-5 インデックスとは

インデックスは、膨大なデータから特定のレコードを高速に検索するために、フィールドに設定する索引です。SQLを使用して、既存のテーブルに新しいインデックスを作成したり、削除したりすることができます。

インデックスとは

「1-3 データベース設計」の「インデックス」でも解説しましたが、インデックスを設定したフィールドでは、並べ替え・検索などの処理時間が大幅に短縮されます。またインデックスを固有にすることで、他のレコードと値が重複しないように設定することもできます。既存のテーブルに新しいインデックスを作成するには **CREATE INDEX ステートメント**を使用します。またインデックスを削除するには **DROP INDEX ステートメント**を使用します。CREATE INDEXステートメント、DROP INDEXステートメントの記述は、次の通りです。

【インデックスを作成する】

```
CREATE INDEX インデックス名 ON テーブル名( フィールド名1, フィールド名2 …);
```

【インデックスを削除する】

```
DROP INDEX インデックス名 ON テーブル名;
```

それでは実際に、コードを記述して動作を確認してみましょう。

❶VBEのプロジェクトエクスプローラより「インデックス」モジュールをダブルクリックします。

❷コードウィンドウに次のコードを記述してください。

```
Sub Test1()
    Dim StrSQL As String
    StrSQL = "CREATE INDEX idx備考 " & _
            "ON T在庫マスタ(備考);"
```

```
        CurrentDb.QueryDefs("Qクエリ").SQL = StrSQL
        DoCmd.SetWarnings False
        DoCmd.OpenQuery "Qクエリ"
        DoCmd.SetWarnings True
    End Sub
```

❸ コードを実行すると、[T在庫マスタ]テーブルの[備考]フィールドに[idx備考]のインデックス名でインデックスが作成されます。[T在庫マスタ]テーブルをデザインビューで開き、[インデックス]ダイアログボックスでインデックスが作成されているのを確認してください。

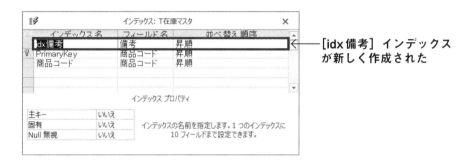

　　　　　　　　　　　　　　　　　　　　　　　━━━ [idx備考]インデックス
　　　　　　　　　　　　　　　　　　　　　　　　　が新しく作成された

❹ 結果を確認したら[インデックス]ダイアログボックスとデザインビューを閉じます。

❺ もうひとつコードを記述しましょう。

```
Sub Test2()
    Dim StrSQL As String
    StrSQL = "DROP INDEX idx備考 " & _
            "ON T在庫マスタ;"
    CurrentDb.QueryDefs("Qクエリ").SQL = StrSQL
    DoCmd.SetWarnings False
    DoCmd.OpenQuery "Qクエリ"
    DoCmd.SetWarnings True
End Sub
```

❻ コードを実行すると、[T在庫マスタ]テーブルの[idx備考]インデックスが削除されます。[T在庫マスタ]テーブルをデザインビューで開き、[インデックス]ダイアログボックスでインデックスが削除されているのを確認してください。

[idx備考] インデックスが
削除された

❼結果を確認したら［インデックス］ダイアログボックスとデザインビューを閉じます。

6-6 | SQLの高速化

SQLの高速化の考え方は、VBAの高速化の考え方によく似ています。基本的には、無駄な処理を行わないこと、そして、より高速な方法を選択すること、この2つになります。

無駄な処理を行わない

次のSQLは、［社員名簿］テーブルからすべてのレコードのすべてのフィールドを選択しています。

```
SELECT * FROM 社員名簿;
```

しかし、使用するデータが「社員番号」と「社員名」の2つのフィールドだけならば、次のように記述した方がより高速に動作します。

```
SELECT 社員番号, 社員名 FROM 社員名簿;
```

使用しないフィールドのデータまで取得することは、無駄な処理になります。取得するフィールドを明示的に指定することで、無駄な処理を省き高速化することができます。

より高速な方法を選択する

UNION演算子による結合でも解説しましたが、「UNION」で結合するよりも「UNION ALL」で結合する方が、より高速に動作します。このようによく似た動作を行う処理では、より無駄の少ない方法を選択することで高速化することができます。

この他にも、SQL集計関数の引数に使用するフィールドや、並べ替え・検索に使用するフィールドにはインデックスを設定する、データベースの正規化を適切に行う、主キーを適切に設定する、使用していない不要なインデックスを削除するなど、いずれもSQLの高速化に大きく寄与します。これらのテクニックを複合的に用いることで、SQLをより高速化することが可能です。

これで第6章の実習を終了します。実習ファイル「S06.accdb」を閉じ、Accessを終了します。
［オブジェクトの保存］ダイアログボックスが表示されるので［はい］ボタンをクリックし、オブジェクトの変更を保存します。

7

ADO／DAO

VBA による業務システムの開発では、データベースに格納
されているデータを VBA から直接操作したいケースが頻繁
にあります。ADO／DAO を使用することで、データを直
接操作できるようになります。

7-1 ADO (ActiveX Data Object) とは

ADOは「ActiveX Data Object」の略で、**データベースを操作するためのさまざまなオブジェクトを持つオブジェクトライブラリ**です。ADOの持つさまざまなオブジェクトを組み合わせることで、データベースを自由に操作することができます。

ADOを使用しなくても、DoCmdオブジェクトを利用して、ある程度データベース操作を行うことができます。しかし、複数のレコードをレコード単位で条件分岐して更新を行うなど、細かなデータベース操作を行うにはADOを使用する必要があります。さらに、ADOには、Access以外のデータベースを共通の方法で操作できるという大きなメリットがあります。

データベースを操作する主な流れは、次の通りです。

① データベースに接続する
② 検索やレコードの追加・更新・削除など、データベースへの操作を行う
③ データベースへの接続を解除する

ADOは主に次のオブジェクトによって構成されています。

オブジェクト名	説明
Connection	データベースへの接続を保持するオブジェクト
Command	データベースへのコマンドを保持するオブジェクト
Recordset	レコードの集まりを保持するオブジェクト
Field	フィールドを保持するオブジェクト
Parameter	パラメータを保持するオブジェクト
Property	プロパティを保持するオブジェクト
Error	エラーを保持するオブジェクト

Access 2016でADOを利用するには、[参照設定] ダイアログボックスで「Microsoft ActiveX Data Objects X.X Library」(X.Xはバージョン番号) への参照設定が必要です。なおバージョン番号は、数が大きいほど最新のバージョンになります。複数のバージョンのADOが表示されるときは、できるだけ新しいバージョンのADOを選択してください。

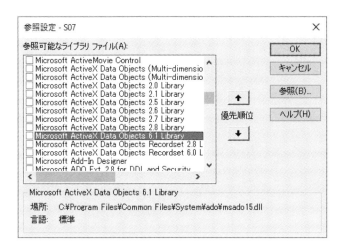

データベースへの接続

データベースを操作するためには、対象となるデータベースに接続する必要があります。ここでは、データベースへの接続について解説します。

● Connection オブジェクト

Connection オブジェクトはデータベースへの接続を保持するオブジェクトです。Connection オブジェクトの主なプロパティとメソッドは、次の通りです。

プロパティ	説明
ConnectionString	データベースへの接続情報を返す
State	データベースへの接続状態を返す
メソッド	説明
Open	データベースへの接続を開く
Close	データベースへの接続を閉じる
Execute	コマンドを実行する
BeginTrans	トランザクションを開始する
CommitTrans	変更を保存してトランザクションを終了する
RollbackTrans	変更を取り消してトランザクションを終了する

State プロパティはデータベースに接続しているとき「adStateOpen」を返し、接続していないときは「adStateClosed」を返します。

Connection オブジェクトを利用するには、Connection オブジェクトのオブジェクト変数を宣言した後、オブジェクト変数に Connection オブジェクトのインスタンスを生成する必要がありま

す。Connectionオブジェクトのオブジェクト変数を宣言する記述は、次の通りです。

```
Dim オブジェクト変数 As ADODB.Connection
```

本書では、これ以降、解説を分かりやすくするためにConnectionオブジェクトを格納するオブジェクト変数を「CN」と記述します。オブジェクト変数の名前は「CN」以外にも自由に命名することができます。

ADODBは、ADOが提供するコンポーネントの名前です。ADOを使用する際には、ADODBを使用して明示的にADOのオブジェクトであると、宣言することを推奨します。また、理由については本章の「DAOを使用するには」にて解説します。

データベースに接続するには、Connectionオブジェクトの**ConnectionString**プロパティに「接続文字列」を設定します。ただし、カレントデータベースに接続する場合は、**CurrentProject オブジェクト**の**Connection プロパティ**を使用するため、接続文字列は必要ありません。

【カレントデータベースに接続する場合】

```
Set CN = CurrentProject.Connection
```

【カレント以外のデータベースに接続する場合】

```
Set CN = New ADODB.Connection
CN.ConnectionString = "Provider=Microsoft.ACE.OLEDB.12.0;" & _
                      "Data Source=データベースファイルのパス"
CN.Open
```

ここでいうカレントデータベースは、現在開いているデータベースファイルを指します。またカレント以外のデータベースとは、Accessで作成されたカレントデータベース以外のデータベースファイルを指します。

●memo

カレントデータベース以外のデータベースに接続する場合は、接続文字列を使用してConnectionStringプロパティに、データベースの種類を表す「Provider（データプロバイダ）」と、接続先のデータベースを表す「Data Source（データソース）」を設定します。またこの場合、

```
Dim CN As New ADODB.Connection
```

と宣言を記述することで、オブジェクト変数の宣言とインスタンスの生成を一度に行うことができます。

それでは実際に、Connectionオブジェクトを使ってデータベースに接続してみましょう。

❶実習ファイル「S07.accdb」を開きます。

❷「データベースへの接続」モジュールをダブルクリックしてVBEを起動します。

❸[参照設定] ダイアログボックスで「Microsoft ActiveX Data Objects X.X Library」（X.Xはバージョン番号）への参照を有効に設定します。

❹コードウィンドウに次のコードを記述してください。

```
Sub Test1()
    Dim CN As ADODB.Connection
    Set CN = CurrentProject.Connection
    Select Case CN.State
    Case adStateOpen
        MsgBox "データベースに接続しています"
    Case adStateClosed
        MsgBox "データベースに接続していません"
    End Select
    Set CN = Nothing
End Sub
```

❺コードを実行すると、「データベースに接続しています」とメッセージが表示されます。

コードの2行目でConnectionオブジェクトを格納するオブジェクト変数「CN」を宣言しました。コードの3行目で、オブジェクト変数「CN」にカレントデータベースへの接続を格納します。4行目のSelect CaseステートメントでConnectionオブジェクトのStateプロパティを判定します。データベースに接続しているため、Stateプロパティは「adStateOpen」を返し、「データベースに接続しています」のメッセージが表示されます。

❻もうひとつコードを記述します。

```
Sub Test2()
    Dim CN As ADODB.Connection
    Set CN = New ADODB.Connection
    CN.ConnectionString = "Provider=Microsoft.ACE.OLEDB.12.0;" & _
```

```
                    "Data Source=" & CurrentProject.Path & _
                    "\test.accdb"
    CN.Open
    Select Case CN.State
    Case adStateOpen
        MsgBox "データベースに接続しています"
    Case adStateClosed
        MsgBox "データベースに接続していません"
    End Select
    CN.Close
    Set CN = Nothing
End Sub
```

❼ コードを実行すると、先ほどと同様に「データベースに接続しています」とメッセージが表示されます。

今回は、あらかじめConnectionオブジェクトのConnectionStringプロパティに接続文字列を設定してから、Openメソッドで開いています。接続文字列の「Data Source」に「CurrentProject.Path & "\test.accdb"」を設定しているため、カレントデータベース（S07.accdb）と同じフォルダ内に、あらかじめ用意されている「test.accdb」データベースファイルに接続します。

基本的に、Openメソッドで開いたオブジェクトは、**Closeメソッド**で閉じます。Closeメソッドを使用してもオブジェクトの参照に利用したメモリ上の領域は解放されないため、Nothingキーワードを使ってオブジェクトへの参照を解除します。なお、Nothingキーワードを使用しなくても、オブジェクト変数の適用範囲を外れた時点で、オブジェクトへの参照は自動的に解除されます。

> **memo**
>
> あらかじめ ConnectionString プロパティに接続文字列を設定しなくても、Open メソッドの第1
> 引数に直接、接続文字列を指定することでデータベースに接続できます。たとえば、Cドライ
> ブのルートフォルダにある「test.accdb」ファイルに接続する場合、
>
> ```
> CN.ConnectionString = _
> "Provider=Microsoft.ACE.OLEDB.12.0;Data Source=C:\test.accdb"
> CN.Open
> ```
>
> は、
>
> ```
> CN.Open _
> "Provider=Microsoft.ACE.OLEDB.12.0;Data Source=C:\test.accdb"
> ```
>
> と記述しても、同様に動作します。

レコードの操作

ADOでは主に、**レコードセット**と呼ばれるレコードの集まりを取得し、レコードセットに対し
て追加・更新・削除などの操作を行います。ここではレコードセットを操作する方法を解説しま
す。

Recordsetオブジェクト

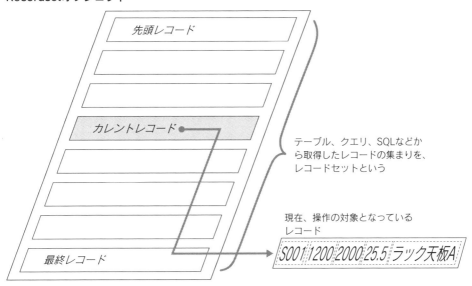

テーブル、クエリ、SQLなどか
ら取得したレコードの集まりを、
レコードセットという

現在、操作の対象となっている
レコード

● Recordset オブジェクト

Recordset オブジェクトとは、レコードセットを操作するためのオブジェクトです。Recordset オブジェクトの主なプロパティとメソッドは、次の通りです。

プロパティ	定数	説明
BOF		カレントレコードが先頭レコードの前にあるとき True を、それ以外は False を返す
EOF		カレントレコードが最終レコードの後にあるとき True を、それ以外は False を返す
RecordCount		レコード件数を返す
CursorType		カーソルタイプを返す
	adOpenForwardOnly（既定）	前方スクロールカーソル レコードを前方向にのみ移動することができ処理が高速。その他は静的カーソルと同じ働きをする
	adOpenKeyset	キーセットカーソル 他のユーザーによる追加・削除は確認できない。その他は動的カーソルと同じ働きをする
	adOpenDynamic	動的カーソル レコードをすべての方向に移動することができる。他のユーザーによる追加・更新・削除を確認できる
	adOpenStatic	静的カーソル レコードをすべての方向に移動することができる。他のユーザーによる追加・更新・削除は確認できない
CursorLocation		カーソルの場所を指定する
	adUseServer（既定）	サーバ側のカーソルを使う
	adUseClient	クライアント側のカーソルを使う
LockType		ロックタイプを返す
	adLockReadOnly（既定）	読み取り専用
	adLockPessimistic	レコード単位の排他的ロックを表す
	adLockOptimistic	レコード単位の共有的ロックを表す
	adLockBatchOptimistic	共有的バッチ更新を表す
	adLockUnspecified	ロックタイプを指定しない
Bookmark		レコードを識別するためのブックマークを表す
メソッド		**説明**
Open		レコードセットを開く
Close		レコードセットを閉じる

Move/MoveFirst/ MoveLast/ MoveNext/ MovePrevious		カレントレコードを移動する
Find		レコードを検索する
Clone		レコードセットのコピーを作る
AddNew		レコードを追加する
Update		レコードを更新する
Delete		レコードを削除する

カレントレコードとはレコードセットの中で、現在操作の対象となっているレコードを指します。レコードセットは同時に複数のレコードを参照できないため、このカレントレコードを移動させながら複数のレコードを操作します。

Recordsetオブジェクトを利用するには、Recordsetオブジェクトのオブジェクト変数を宣言した後、オブジェクト変数にRecordsetオブジェクトのインスタンスを生成する必要があります。Recordsetオブジェクトのオブジェクト変数を宣言する記述は、次の通りです。

```
Dim オブジェクト変数 As ADOBD.Recordset
```

本書では、これ以降、解説を分かりやすくするためにRecordsetオブジェクトを格納するオブジェクト変数を「RS」と記述します。オブジェクト変数の名前は「RS」以外にも自由に命名することができます。

Recordsetオブジェクトにレコードセットを取得するには、主に次の方法があります。

■方法1：Recordset オブジェクトの Open メソッドで開く

```
Dim RS As ADODB.Recordset
Set RS = New ADODB.Recordset
RS.Open ソース, CN, カーソルタイプ, ロックタイプ
```

Open メソッドの引数については、次の通りです。

引数	説明
ソース	テーブル名、クエリ名、SQLステートメントなどを指定
CN	Connectionオブジェクトを指定
カーソルタイプ	カーソルタイプを指定。CursorType プロパティの定数を指定する
ロックタイプ	ロックタイプを指定。LockType プロパティの定数を指定する

またこの場合、

```
Dim RS As New ADODB.Recordset
RS.Open ソース, CN, カーソルタイプ, ロックタイプ
```

と記述することで、オブジェクト変数の宣言とインスタンスの生成を一度に行うことができます。

> **memo**
>
> OpenメソッドでRecordsetオブジェクトを開く場合、引数をあらかじめRecordsetオブジェクトのActiveConnectionプロパティ、Sourceプロパティに設定しておいてOpenメソッドを実行することもできます。たとえば、カレントデータベースの [T社員名簿] テーブルのレコードをレコードセットで開く場合、
>
> ```
>  RS.Open "T社員名簿", CN
> ```
>
> は、
>
> ```
>  RS.ActiveConnection = CN
>  RS.Source = "T社員名簿"
>  RS.Open
> ```
>
> と記述しても、同様に動作します。

■方法2：ConnectionオブジェクトのExecuteメソッドを使用する

```
Dim RS As ADODB.Recordset
Set RS = CN.Execute(コマンド)
```

Executeメソッドのオブジェクトと引数については、次の通りです。

引数	説明
CN	Connectionオブジェクトを指定

引数	説明
コマンド	テーブル名、クエリ名、SQLステートメントなどを指定

> **🔴memo**
>
> ConnectionオブジェクトのExecuteメソッドの結果をRecordsetオブジェクトで取得した場合、レコードセットは常に前方スクロールカーソルの読み取り専用となります。また、Executeメソッドの結果がレコードセットで返らない場合（アクションクエリを実行した場合）、指定したアクションが実行されます。その場合、レコードセットのオブジェクト変数は使用しません。次のように記述します。
>
> ```
> CN.Execute コマンド
> ```

● カレントレコードの移動

レコードセットを開いた直後は、カレントレコードはレコードセットの先頭レコードに設定されています。カレントレコードの移動には、Move系のメソッドを使用します。Move系メソッドの種類は、次の通りです。

メソッド	説明
MoveFirst	先頭レコードに移動する
MoveLast	最終レコードに移動する
MoveNext	次のレコードに移動する
MovePrevious	前のレコードに移動する
Move 番号	引数「番号」に指定した数だけ移動する

重要 ❗ Move系メソッドを使用してレコードを移動させる場合、レコードセットのカーソルタイプに注意してください。Recordsetオブジェクトのカーソルタイプは、既定で前方スクロールカーソルになっています。前方以外にも移動する場合は、カーソルタイプを変更しないとMove系メソッドを実行したときにエラーが発生します。

カレントレコードの位置が、先頭レコードより前にあるときはBOFプロパティがTrueを返します。最終レコードより後にあるときはEOFプロパティがTrueを返します。

レコードセット内のカーソル位置	BOFプロパティ、EOFプロパティの値
BOF（先頭レコードより前）	BOF = True、EOF = False
先頭レコード〜最終レコード	BOF = False、EOF = False
EOF（最終レコードより後）	BOF = False、EOF = True

BOFプロパティがTrueのときにMovePreviousメソッドを実行するとエラーが発生します。同様にEOFプロパティがTrueのときにMoveNextメソッドを実行するとエラーが発生します。レコードセットの先頭からすべてのレコードを順番に処理するときは、次のようにコードを記述します。

```
Do Until RS.EOF
    実行させる処理
    RS.MoveNext
Loop
```

なお、レコードセットにレコードが1件もないときはBOFプロパティ、EOFプロパティは共に
Trueを返します。またこのとき、Move系メソッドを実行するとエラーが発生します。

それでは実際に、Recordsetオブジェクトのコードを記述して動作を確認してみましょう。

❶VBEのプロジェクトエクスプローラより「レコードの移動」モジュールをダブルクリックし
ます。

❷コードウィンドウに次のコードを記述してください。

```
Sub Test1()
    Dim CN As ADODB.Connection
    Dim RS As ADODB.Recordset─────────────────────────①
    Set CN = CurrentProject.Connection
    Set RS = CN.Execute("T社員名簿")────────────────②
    Do Until RS.EOF
        Debug.Print RS.Fields(0), _
                    RS.Fields(1), _
                    RS.Fields(2)
        RS.MoveNext
    Loop
    RS.Close: CN.Close
    Set RS = Nothing: Set CN = Nothing
End Sub
```

❸コードを実行する前にイミディエイトウィンドウを表示しておきます。コードを実行すると、
イミディエイトウィンドウに次のように出力されます。

200

1001	安藤昭雄	B001
1002	伊藤一郎	B002
1003	宇野馬之介	B003
1004	江口恵美子	B004
1005	尾崎おさむ	B003
1006	加藤和生	B001
1007	木村喜代子	B004
1008	久野邦彦	B005
1009	研健次郎	B005
1010	小島浩二	B002

①でRecordsetオブジェクトを格納するオブジェクト変数「RS」を宣言しています。②の

```
Set RS = CN.Execute("T社員名簿")
```

では、Connection オブジェクトのExecute メソッドを使用して、[T社員名簿] の内容をオブジェクト変数「RS」に取得します。次のDo...Loop ステートメント内で、

```
Debug.Print RS.Fields(0), Rs.Fields(1), Rs.Fields(2)
```

とカレントレコードの1～3列目のフィールドの値をイミディエイトウィンドウに出力した後、「RS.MoveNext」で次のレコードにカレントレコードを移動させます（フィールドの参照については、この後詳しく解説します）。レコードセットのすべてのレコードに対して、この処理が実行されると、カーソルは最終レコードの後に移動し、繰り返し処理の終了条件「Until RS.EOF」を満たすため、繰り返し処理を終了し、コードの実行を終了します。

❹ もうひとつコードを記述してみましょう。

```
Sub Test2()
    Dim CN As ADODB.Connection
    Dim RS As ADODB.Recordset
    Set CN = CurrentProject.Connection
    Set RS = New ADODB.Recordset─────────────────①
    RS.Open "T社員名簿", CN, adOpenStatic─────────②
    RS.MoveLast
    Do Until RS.BOF
        Debug.Print RS.Fields(0), _
                    RS.Fields(1), _
```

次ページへ続く

```
                        RS.Fields(2)
          RS.MovePrevious
      Loop
      RS.Close: CN.Close
      Set RS = Nothing: Set CN = Nothing
  End Sub
```

❺コードを実行すると、先ほどと逆の順番でイミディエイトウィンドウに出力されます。

1010	小島浩二	B002
1009	研健次郎	B005
1008	久野邦彦	B005
1007	木村喜代子	B004
1006	加藤和生	B001
1005	尾崎おさむ	B003
1004	江口恵美子	B004
1003	宇野馬之介	B003
1002	伊藤一郎	B002
1001	安藤昭雄	B001

今回は、Recordsetオブジェクトの Open メソッドを使用してレコードセットを開くため、①の

```
Set RS = New ADODB.Recordset
```

で、あらかじめ新しいRecordsetオブジェクトのインスタンスを生成しておきます。
②で、Open メソッドの第3引数のカーソルタイプに「adOpenStatic」と静的カーソルを指定
しているのは、レコードセットを最終レコードから先頭レコードへとスクロールさせる必要
があるためです。

レコードセットを開いた後、「RS.MoveLast」で、最終レコードにカレントレコードを移動し
ました。Do...Loop ステートメント内では、先ほどとは逆に「RS.MovePrevious」で、前の
レコードにカレントレコードを移動させています。レコードセットのすべてのレコードに対
して処理が実行されると、カーソルは先頭レコードの前に移動し、繰り返し処理の終了条件
「Until RS.BOF」を満たすため、繰り返し処理を終了し、コードの実行を終了します。

ステートメントの後ろに「:（コロン）」を入力することで、1行に複数のステートメントを記述することができます。コードの行数を減らしたいときに利用すると便利です。

● レコードの更新

レコードを更新するには、Updateメソッドを使用します。カレントレコードのフィールドの値を変更し、Updateメソッドを実行すると、データソースに変更が反映されます。Update メソッドを使用する記述は、次の通りです。

【Updateメソッドの引数として、フィールド名、値を渡す】

```
RS.Update フィールド1, 値1
RS.Update フィールド2, 値2
 :
```

【FieldオブジェクトのValueプロパティに値を代入し、Updateメソッドを実行する】

```
RS("フィールド1").Value = 値1
RS("フィールド2").Value = 値2
 :
RS.Update
```

Fieldオブジェクトを参照するには、さまざまな記述の方法があります。フィールドを参照する主な記述は、次の通りです。また、Valueプロパティの記述は省略することができます。

```
RS![フィールド名].Value
RS.Fields("フィールド名").Value
RS("フィールド名").Value
RS.Fields(n).Value    (nは0から始まるインデックス番号)
RS(n).Value    (nは0から始まるインデックス番号)
```

Updateメソッドの引数として、フィールド名、値を指定した場合、Updateメソッドが実行されると、ただちにレコードソースに値の変更が反映されます。

Fieldオブジェクトに値を代入し、最後にUpdateメソッドを実行した場合、Updateメソッドが実行された時点、またはカレントレコードから他のレコードに移動した時点で、レコードソースに値の変更が反映されます。なおUpdateメソッドを実行してもカレントレコードは移動しません。複数のレコードを更新するには、Updateメソッドの実行後にMove系のメソッドを使用してカレントレコードを移動する必要があります。

レコードセットのレコードに更新・追加・削除の操作を行うには、レコードセットの**LockTypeプロパティ**に「adLockOptimistic」などの更新可能なロックタイプを指定する必要があります。Recordsetオブジェクトのロックタイプは、Openメソッドの引数で指定する方法と、LockTypeプロパティにあらかじめ設定しておく方法の2つがあります。メソッドの引数を省略した場合、あらかじめオブジェクトに設定されているプロパティの値が引き継がれます。これはカーソルタイプなど他の属性についても同様です。

それでは実際に、コードを記述して動作を確認してみましょう。

❶VBEのプロジェクトエクスプローラより「レコードの更新」モジュールをダブルクリックします。

❷コードウィンドウに次のコードを記述してください。

```
Sub Test1()
    Dim CN As ADODB.Connection
    Dim RS As ADODB.Recordset
    Dim SQL As String
    Set CN = CurrentProject.Connection
    Set RS = New ADODB.Recordset
    SQL = "SELECT * FROM T社員名簿 WHERE 社員番号 = 1002;"─────①
    RS.Open SQL, CN, adOpenKeyset, adLockOptimistic─────②
    RS.Update "部署コード", "B099"
                                                    ─────③
    RS.Update "給与", "500000"
    RS.Close: CN.Close
    Set RS = Nothing: Set CN = Nothing
End Sub
```

❸コードを実行する前の［T社員名簿］テーブルの内容は、次の通りです。

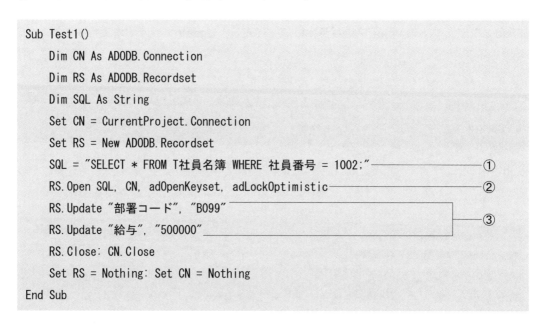

社員番号	社員名	部署コード	年齢	給与	住所1
1001	安藤昭雄	B001	60	560000	愛知県
1002	伊藤一郎	B002	50	450000	岐阜県
1003	宇野馬之介	B003	30	320000	三重県
1004	江口恵美子	B004	30	300000	愛知県
1005	尾崎おさむ	B003	20	250000	愛知県
1006	加藤和生	B001	35	380000	愛知県
1007	木村喜代子	B004	45	400000	静岡県
1008	久野邦彦	B005	55	520000	岐阜県
1009	研健次郎	B005	35	360000	三重県
1010	小島浩二	B002	25	260000	愛知県

❹コードを実行すると、[T社員名簿]テーブルで社員番号が「1002」のレコードの、[部署コード]フィールドが「B099」に、[給与]フィールドが「500000」に更新されます。

①で変数「SQL」に

```
SELECT * FROM T 社員名簿 WHERE 社員番号 = 1002;
```

を格納します。②で、Openメソッドの第1引数に、この変数「SQL」を指定しています。またレコードセットを更新する必要があるため、第4引数のロックタイプには、「adLockOptimistic」を指定しています。

このときレコードセットに格納されるレコードは、社員番号「1002」の伊藤一郎のレコードのみです。このレコードに対して、③でUpdateメソッドを使用し、フィールドの値を更新しています。そのため、次のように[T社員名簿]テーブルの内容が更新されました。

社員番号	社員名	部署コード	年齢	給与	住所1
1001	安藤昭雄	B001	60	560000	愛知県
1002	伊藤一郎	B099	50	500000	岐阜県
1003	宇野馬之介	B003	30	320000	三重県
1004	江口恵美子	B004	30	300000	愛知県
1005	尾崎おさむ	B003	20	250000	愛知県
1006	加藤和生	B001	35	380000	愛知県
1007	木村喜代子	B004	45	400000	静岡県
1008	久野邦彦	B005	55	520000	岐阜県
1009	研健次郎	B005	35	360000	三重県
1010	小島浩二	B002	25	260000	愛知県

社員番号「1002」のレコードの、[部署コード]フィールドが
「B099」に、[給与]フィールドが「500000」に更新された

❺もうひとつコードを記述しましょう。

```
Sub Test2()
    Dim CN As ADODB.Connection
    Dim RS As ADODB.Recordset
    Set CN = CurrentProject.Connection
    Set RS = New ADODB.Recordset
    RS.Open "T社員名簿", CN, adOpenKeyset, adLockOptimistic ──────────①
    Do Until RS.EOF
        RS("年齢") = RS("年齢") + 1
        RS.Update
        RS.MoveNext
    Loop
```

次ページへ続く

```
      RS.Close: CN.Close
      Set RS = Nothing: Set CN = Nothing
End Sub
```

❻ コードを実行すると、［T社員名簿］テーブルのすべてのレコードで、［年齢］が「1」加算された値に更新されます。

社員番号	社員名	部署コード	年齢	給与	住所1
1001	安藤昭雄	B001	61	560000	愛知県
1002	伊藤一郎	B099	51	500000	岐阜県
1003	宇野馬之介	B003	31	320000	三重県
1004	江口恵美子	B004	31	300000	愛知県
1005	尾崎おさむ	B003	21	250000	愛知県
1006	加藤和生	B001	36	380000	愛知県
1007	木村喜代子	B004	46	400000	静岡県
1008	久野邦彦	B005	56	520000	岐阜県
1009	研健次郎	B005	36	360000	三重県
1010	小島浩二	B002	26	260000	愛知県

今回は①のOpenメソッドの第1引数に［T社員名簿］テーブルを指定しました。そのため、レコードセットには［T社員名簿］テーブルのすべてのレコードが格納されています。後はDo...Loopステートメントで、すべてのレコードに対し

```
RS("年齢") = RS("年齢") + 1
```

と［年齢］フィールドの値に「1」を加算し、Updateメソッドを使用して更新しています。

● レコードの追加

レコードを追加するには、**AddNewメソッド**を使用します。AddNewメソッドでレコードを追加する記述は、次の通りです。

【AddNewメソッドの引数として、フィールドリスト、値リストを渡す】

```
RS.AddNew フィールドリスト, 値リスト
```

【AddNewメソッドを実行後、Fieldオブジェクトに値を代入し、Updateメソッドを実行する】

```
RS.AddNew
RS("フィールド1").Value = 値1
RS("フィールド2").Value = 値2
   :
RS.Update
```

206

フィールドリスト、値リストを作成するには、リストに使用する変数をVariant型で宣言し、Array関数でリストになる配列を変数に格納します。たとえば、

```
Dim List1 As Variant
Dim List2 As Variant
List1 = Array("F1", "F2", "F3")
List2 = Array("値1", "値2", "値3")
RS.AddNew List1, List2
```

この場合、［F1］［F2］［F3］のフィールドに「値1」「値2」「値3」の値をそれぞれ格納したレコードが、レコードソースに追加されます。

AddNewメソッドに引数として、フィールドリスト、値リストを指定した場合、AddNewメソッドが実行されると、ただちにレコードソースにレコードの追加が反映されます。

AddNewメソッドを実行後、Fieldオブジェクトに値を代入し、最後にUpdateメソッドを実行した場合、Updateメソッドが実行された時点で、レコードソースにレコードの追加が反映されます。なお、AddNewメソッド実行後は、追加したレコードがカレントレコードになり、Updateメソッドを呼び出した後もそのままカレントレコードになります。

それでは実際に、コードを記述して動作を確認してみましょう。

❶コードウィンドウに次のコードを記述してください。

```
Sub Test3()
    Dim CN As ADODB.Connection
    Dim RS As ADODB.Recordset
    Dim FieldList As Variant                                          ┐
    Dim ValueList As Variant                                          ┘─①
    Set CN = CurrentProject.Connection
    Set RS = New ADODB.Recordset
    RS.Open "T部署マスタ", CN, adOpenKeyset, adLockOptimistic
    FieldList = Array("部署コード", "部署名")                          ┐
    ValueList = Array("B088", "電算部")                               ┘─②
    RS.AddNew FieldList, ValueList─────────────────────────③
    RS.Close: CN.Close
    Set RS = Nothing: Set CN = Nothing
End Sub
```

コードを実行する前の［T部署マスタ］テーブルの内容は、次の通りです。

❷コードを実行すると、［T部署マスタ］テーブルに［部署コード］フィールドが「B088」、［部署名］フィールドが「電算部」のレコードが追加されます。

①で、追加するレコードのフィールドリストと値リストを格納するVariant型の変数「FieldList」と「ValueList」を宣言しています。②では、Array関数を使用し、リストの内容を配列として格納します。その後、③の

```
RS.AddNew FieldList, ValueList
```

で、変数「FieldList」のフィールドに、変数「ValueList」の値を格納したレコードを追加しています。そのため、次のように［T部署マスタ］テーブルの内容が更新されました。

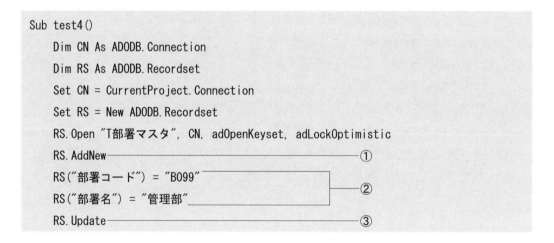

❸もうひとつコードを記述してみましょう。

```
Sub test4()
    Dim CN As ADODB.Connection
    Dim RS As ADODB.Recordset
    Set CN = CurrentProject.Connection
    Set RS = New ADODB.Recordset
    RS.Open "T部署マスタ", CN, adOpenKeyset, adLockOptimistic
    RS.AddNew ─────────────────────────────────────①
    RS("部署コード") = "B099" ─┐
    RS("部署名") = "管理部" ────┴─────②
    RS.Update ───────────────────────────────────③
```

```
    RS.Close: CN.Close
    Set RS = Nothing: Set CN = Nothing
End Sub
```

❹コードを実行すると、[T部署マスタ]テーブルに[部署コード]フィールドが「B099」、[部署名]フィールドが「管理部」のレコードが追加されます。

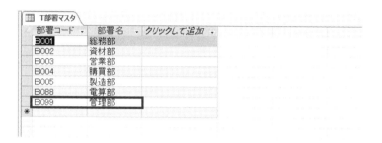

今回は①でAddNewメソッドを実行してレコードセットにレコードを追加しています。②で追加されたレコードのそれぞれのフィールドに値を設定し、③のUpdateメソッドでレコードの追加を[T部署マスタ]テーブルに反映させています。

● レコードの削除

レコードを削除するには、**Deleteメソッド**を使用します。Deleteメソッドでレコードを削除する記述は、次の通りです。

```
RS.Delete
```

Deleteメソッドで削除されるレコードは、カレントレコードです。レコードセット全体を削除するには、Do...Loopステートメント等を使用して、先頭レコードから最終レコードまでカレントレコードを移動させながら削除する必要があります。また、Deleteメソッドで削除したカレントレコードは、他のレコードに移動させるまで、そのままカレントレコードになります。

それでは実際に、コードを記述して動作を確認してみましょう。

❶コードウィンドウに次のコードを記述してください。

```
Sub Test5()
    Dim CN As ADODB.Connection
    Dim RS As ADODB.Recordset
    Dim SQL As String
    Set CN = CurrentProject.Connection
```

次ページへ続く

```
      Set RS = New ADODB.Recordset
      SQL = "SELECT * FROM T部署マスタ WHERE 部署コード ='B088';"─────────①
      RS.Open SQL, CN, adOpenKeyset, adLockOptimistic────────────────②
      RS.Delete─────────────────────────────────────────────③
      RS.Close: CN.Close
      Set RS = Nothing: Set CN = Nothing
  End Sub
```

❷コードを実行すると、[T部署マスタ] テーブルに先ほど追加した [部署コード] フィールド
「B088」のレコードが削除されます。①の

```
 SELECT * FROM T 部署マスタ WHERE 部署コード ='B088';
```

のSQLステートメントにより、②でレコードセットに格納されるのは [部署コード] フィー
ルドが「B088」のレコードのみになります。③の「RS.Delete」でこのレコードを削除します。
そのため、次のように [T部署マスタ] テーブルの内容が更新されました。

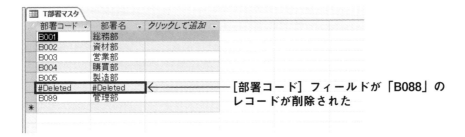

[部署コード] フィールドが「B088」の
レコードが削除された

❸もうひとつコードを記述してみましょう。

```
Sub Test6()
    Dim CN As ADODB.Connection
    Dim RS As ADODB.Recordset
    Set CN = CurrentProject.Connection
    Set RS = New ADODB.Recordset
    RS.Open "T部署コピー", CN, adOpenKeyset, adLockOptimistic─────────①
    Do Until RS.EOF ┐
        RS.Delete    │
        RS.MoveNext  ├──②
    Loop            ┘
    RS.Close: CN.Close
    Set RS = Nothing: Set CN = Nothing
End Sub
```

コードを実行する前の［T部署コピー］テーブルの内容は、次の通りです。

❹ コードを実行すると、［T部署コピー］テーブルのすべてのレコードが削除されます。

①でOpenメソッドの第1引数に［T部署コピー］テーブルを指定し、［T部署コピー］テーブルのすべてのレコードをレコードセットとして開きました。②の繰り返し処理で、レコードセットのすべてのレコードに対し、Deleteメソッドを実行しています。そのため［T部署コピー］テーブルのすべてのレコードが削除されました。

「#Deleted」と表示されるのは、該当テーブルを開いた状態でプロシージャを実行した場合です。テーブルを閉じた状態で実行した場合は、「#Deleted」は表示されません。

● レコードの検索

Findメソッドを使用すると、レコードセットの中から特定のレコードを検索することができます。Findメソッドの記述は、次の通りです。

RS.Find 検索条件, スキップ行, 検索方向, 開始位置

引数	定数	説明
検索条件		検索条件を指定。複数の条件式は指定できない
スキップ行		検索をスキップするレコード数を指定
検索方向		検索方向を定数で指定
	adSearchForward	最終レコードに向かって検索
	adSearchBackward	先頭レコードに向かって検索
開始位置		検索開始位置を指定

引数「検索条件」には、条件式を指定します。条件式には比較演算子やLike演算子が使用できますが、複数の条件を指定することはできません。条件を満たすレコードが見つかった場合、そのレコードにカレントレコードが移動します。複数見つかった場合は、最初に見つかったレコードがカレントレコードになります。レコードが見つからなかった場合、最終レコードに向かって検索したときはEOFプロパティが、先頭レコードに向かって検索したときはBOFプロパティが、それぞれTrueになります。

> **重要！** カーソルタイプが前方スクロールカーソルのレコードセットでFindメソッドを使用すると、エラーが発生します。Findメソッドを使用するときは、前方スクロールカーソル以外のカーソルタイプを指定してください。

それでは実際に、コードを記述して動作を確認してみましょう。

❶VBEのプロジェクトエクスプローラより「レコードの検索」モジュールをダブルクリックします。

❷コードウィンドウに次のコードを記述してください。

```
Sub Test()
    Dim CN As ADODB.Connection
    Dim RS As ADODB.Recordset
    Set CN = CurrentProject.Connection
    Set RS = New ADODB.Recordset
    RS.Open "T社員名簿", CN, adOpenStatic
    Do
        RS.Find "住所1 = '愛知県'"──────────①
        If Not RS.EOF Then
            Debug.Print RS("社員名"), _
                        RS("住所1")────────②
            RS.MoveNext──────────③
        Else
            Exit Do──────────④
        End If
    Loop
    RS.Close: CN.Close
    Set RS = Nothing: Set CN = Nothing
End Sub
```

❸コードを実行すると、イミディエイトウィンドウに次のように出力されます。

安藤昭雄	愛知県
江口恵美子	愛知県
尾崎おさむ	愛知県
加藤和生	愛知県
小島浩二	愛知県

①の

```
RS.Find "住所1 = '愛知県'"
```

で、[T社員名簿]テーブルの[住所1]フィールドの値が「愛知県」のレコードを検索しています。レコードが見つかると、そのレコードがカレントレコードになるため、レコードセットのEOFプロパティはFalseを返します。その場合、②で[社員名]フィールドと[住所1]フィールドをイミディエイトウィンドウに出力し、③の「RS.MoveNext」で次のレコードにカレントレコードを移動させます。繰り返し処理のため、再びコードの①のFindメソッドが実行され、続けてレコードが見つかった場合は同じ処理を、見つからなかった場合は④の「Exit Do」ステートメントで繰り返し処理を終了し、コードの実行を終了します。

> **memo**
> レコードの検索には、Findメソッドの他に**Seekメソッド**があります。Seekメソッドを使用するには、プロバイダがインデックスとSeekメソッドをサポートしている必要があります。

> **memo**
> FindメソッドでNull値を検索する場合、
>
> ```
> RS.Find "フィールド名 = Null"
> ```
>
> と記述します。SQLのWHERE句では
>
> ```
> フィールド名 Is Null
> ```
>
> と記述しましたが、Findメソッドでは＝演算子を使用するので注意してください。なお、SeekメソッドでNull値の検索はできません。

● レコードの並べ替え

Sortプロパティを使用すると、レコードセットを昇順または降順に並べ替えることができます。昇順に並べ替えるには**ASCキーワード**を、降順に並べ替えるには**DESCキーワード**を使用します。ASCまたはDESCを省略すると昇順になります。また、複数のフィールドで並べ替える

には「,（カンマ）」でフィールドを区切って記述します。Sortプロパティの記述は、次の通りです。

```
RS.Sort = "フィールド1 ASCまたはDESC, フィールド2 ASC または DESC, …"
```

それでは実際に、コードを記述して動作を確認してみましょう。

❶VBEのプロジェクトエクスプローラより「レコードの並べ替え」モジュールをダブルクリックします。

❷コードウィンドウに次のコードを記述してください。

```
Sub Test()
    Dim CN As ADODB.Connection
    Dim RS As ADODB.Recordset
    Set CN = CurrentProject.Connection
    Set RS = New ADODB.Recordset
    RS.CursorLocation = adUseClient─────────────①
    RS.Open "T社員名簿", CN
    RS.Sort = "部署コード ASC, 年齢 DESC"──────②
    Do Until RS.EOF
        Debug.Print RS("社員名"), _
                    RS("部署コード"), _
                    RS("年齢")
        RS.MoveNext
    Loop
    RS.Close: CN.Close
    Set RS = Nothing: Set CN = Nothing
End Sub
```

❸コードを実行すると、イミディエイトウィンドウに次のように出力されます。

安藤昭雄	B001	61
加藤和生	B001	36
小島浩二	B002	26
宇野馬之介	B003	31
尾崎おさむ	B003	21
木村喜代子	B004	46
江口恵美子	B004	31
久野邦彦	B005	56
研健次郎	B005	36
伊藤一郎	B099	51

並べ替えを行うため、①でCursorLocationプロパティに「adUseClient」を指定しています。②の

```
RS.Sort = "部署コード ASC, 年齢 DESC"
```

で、レコードセットのレコードを［部署コード］フィールドは昇順に、［年齢］フィールドは降順に並べ替えています。後は繰り返し処理で、並べ替えられたレコードの順番にイミディエイトウィンドウに出力し、コードの実行を終了します。

● レコードの抽出

Filterプロパティを使用すると、レコードセットの中から特定のレコードを抽出することができます。カレントレコードは抽出されたレコードの先頭に移動します。抽出条件はAnd演算子やOr演算子を使用して、複数の式を組み合わせて指定することができます。Filterプロパティの記述は、次の通りです。

```
RS.Filter = "フィールド1 = 条件1 AndまたはOr フィールド2 = 条件2 … "
```

> **◆memo**
> 抽出を解除するには、Filterプロパティに「""（長さ0の文字列）」を設定します。解除すると、カレントレコードはレコードセットの先頭レコードに移動します。

それでは実際に、コードを記述して動作を確認してみましょう。

❶VBEのプロジェクトエクスプローラより「レコードの抽出」モジュールをダブルクリックします。

❷コードウィンドウに次のコードを記述してください。

```
Sub Test()
    Dim CN As ADODB.Connection
    Dim RS As ADODB.Recordset
    Set CN = CurrentProject.Connection
    Set RS = New ADODB.Recordset
    RS.Open "T社員名簿", CN
    RS.Filter = "社員番号 = 1002 Or 社員番号 = 1005"————————————①
    Do Until RS.EOF
        Debug.Print RS("社員番号"), _
                    RS("社員名")
        RS.MoveNext
    Loop
    RS.Close: CN.Close
    Set RS = Nothing: Set CN = Nothing
End Sub
```

❸コードを実行すると、イミディエイトウィンドウに次のように出力されます。

```
1002        伊藤一郎
1005        尾崎おさむ
```

①の

```
RS.Filter = "社員番号 = 1002 Or 社員番号 = 1005"
```

でレコードセットの中から2件のレコードが抽出されました。後は抽出されたレコードをイミディエイトウィンドウに出力し、コードの実行を終了します。

● レコードセットを利用する

Recordsetオブジェクトをフォームに表示したり、リストボックスやコンボボックスに表示することができます。この場合、CursorLocationプロパティに「adUseClient」が設定されている必要があります。

それでは実際に、コードを記述して動作を確認してみましょう。

❶VBEのプロジェクトエクスプローラより「Form_Fレコードセットの利用」モジュールをダブルクリックします。

❷コードウィンドウに次のイベントプロシージャを作成してください。

```
Private Sub btn1_Click()
    Dim CN As ADODB.Connection
    Dim RS As ADODB.Recordset
    Set CN = CurrentProject.Connection
    Set RS = New ADODB.Recordset
    RS.CursorLocation = adUseClient ─────────────①
    RS.Open "T社員名簿", CN ─────────────────②
    Set Me.lst1.Recordset = RS ─────────────③
    RS.Close: CN.Close
    Set RS = Nothing: Set CN = Nothing
End Sub
```

❸Accessに戻ると［Fレコードセットの利用］フォームが、デザインビューで開いているので、フォームビューに変更します。

❹［btn1］ボタンをクリックすると、［lst1］リストボックスに［T社員名簿］テーブルの内容が表示されます。

①で、CursorLocationプロパティを「adUseClient」に変更します。②で［T社員名簿］テーブルをレコードセットで開き、③の

```
    Set Me.lst1.Recordset = RS
```

で、［lst1］リストボックスのRecordsetプロパティに、開いたレコードセットを設定しています。そのため［lst1］リストボックスに、レコードセットに格納されている［T社員名簿］テーブルのすべてのレコードが表示されました。

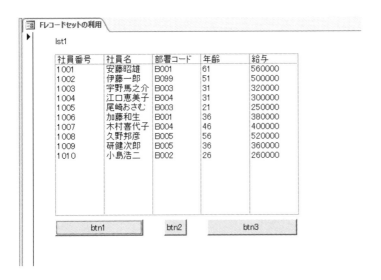

❺続けて、次のイベントプロシージャを作成します。

```
Private Sub btn2_Click()
    Set Me.lst1.Recordset = Nothing
    Me.lst1.Requery
End Sub


Private Sub btn3_Click()
    Dim CN As ADODB.Connection
    Dim RS As ADODB.Recordset
    Set CN = CurrentProject.Connection
    CN.CursorLocation = adUseClient─────────────────①
    Set RS = CN.Execute("T社員名簿")
    Set Me.lst1.Recordset = RS
    RS.Close: CN.Close
    Set RS = Nothing: Set CN = Nothing
End Sub
```

❻ [btn2] ボタンをクリックすると、[lst1] リストボックスの内容がクリアされます。

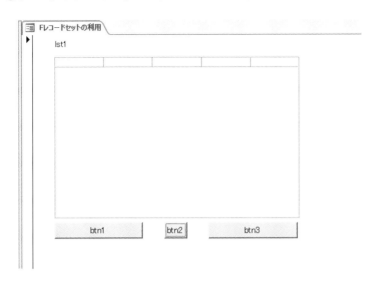

「btn2_Click」イベントプロシージャで、[lst1] リストボックスのRecordsetプロパティに
「Nothing」を代入し、オブジェクトへの参照を解除した後、**Requeryメソッド**を使用して画
面表示を更新しています。

❼ 次に、[btn3] ボタンをクリックすると、再び [lst1] リストボックスに [T社員名簿] テー
ブルの内容が表示されます。

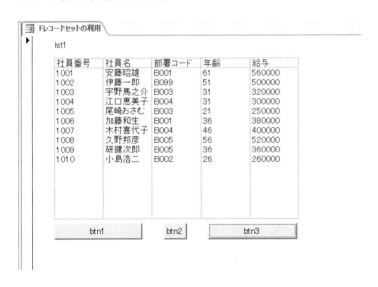

「btn3_Click」イベントプロシージャの①でCursorLocationプロパティを「adUseClient」に
変更します。先ほどは

```
RS.CursorLocation = adUseClient
```

と、RecordsetオブジェクトのCursorLocationプロパティを設定しましたが、今回はConnectionオブジェクトのExecuteメソッドを使用してレコードセットを取得します。そこで

```
CN.CursorLocation = adUseClient
```

とConnectionオブジェクトのCursorLocationプロパティに「adUseClient」を指定しています。これは、Executeメソッドを使用してレコードセットを取得する場合、Connectionオブジェクトの CursorLocation プロパティが、レコードセットに継承されるためです。後は先ほど同様、[lst1] リストボックスのRecordsetプロパティにレコードセットを設定し、[T社員名簿] テーブルのすべてのレコードを表示させます。

トランザクション

トランザクションとは、**データベースに対する一連の作業をひとつの処理にまとめたもの**です。トランザクションごとに処理を確定したり、取り消したりすることでデータの整合性を保つことができます。

たとえば、部署コードの「B099」を廃止するため [社員名簿] テーブルの [部署コード] フィールドが「B099」の社員は部署コードを変更し、[部署マスタ] テーブルの「B099」のレコードを削除するとします。この2つの変更は、どちらか一方だけの変更ではデータに矛盾が生じます。このような2つの処理をひとつのトランザクションとして管理することで、2つの処理を確実に更新でき、またエラーが発生したときには両方の処理を取り消すことで、データベースの整合性を維持することができます。

● BeginTrans/CommitTrans/RollBackTrans メソッド

ADOでトランザクションを管理するには、Connectionオブジェクトの**BeginTransメソッド**、**CommitTransメソッド**、**RollbackTransメソッド**を使用します。BeginTransメソッドはトランザクションを開始します。CommitTransメソッドはトランザクションにおける変更を保存し、トランザクションを終了します。RollbackTransメソッドはトランザクションにおける変更を取り消して元の状態に戻し、トランザクションを終了します。

それでは実際に、コードを記述して動作を確認してみましょう。

❶VBEのプロジェクトエクスプローラより「トランザクション」モジュールをダブルクリックします。

❷コードウィンドウに次のコードを記述してください。

```
Sub Test()
    Dim CN As ADODB.Connection
    Dim RS As ADODB.Recordset
    Set CN = CurrentProject.Connection
    Set RS = New ADODB.Recordset
    RS.Open "T社員名簿", CN, adOpenKeyset, adLockOptimistic
    On Error GoTo ErrExit──────────────────────────────────────────①
    CN.BeginTrans────────────────────────────────────────────────②
    Do Until RS.EOF
        If RS("社員番号") = 1003 Then
            RS("給与") = RS("給与") & "A"
        Else
            RS("給与") = RS("給与") * 1.1                         ③
        End If
        RS.Update
        RS.MoveNext
    Loop
    CN.CommitTrans───────────────────────────────────────────────④
    MsgBox "トランザクションを確定しました"
    Exit Sub
ErrExit:──────────────────────────────────────────────────────────⑤
    CN.RollbackTrans
    MsgBox "トランザクションを取り消しました"
End Sub
```

コードを実行する前の［T社員名簿］テーブルの内容は、次の通りです。

7

A
D
O
／
D
A
O

❸コードを実行すると、「トランザクションを取り消しました」とメッセージが表示されます。

①の

```
On Error GoTo ErrExit
```

はOn Errorステートメントというエラー処理を行うためのステートメントです。エラーが発生すると、⑤の「ErrExit:」から後の処理を実行します。On Errorステートメントについては、「8-2　エラーへの対応」で詳しく解説します。

②の

```
CN.BeginTrans
```

でトランザクションを開始します。③では、

```
RS("給与") = RS("給与") * 1.1
```

と、［給与］フィールドを給与の1.1倍した値で更新していきます。［社員番号］フィールドが「1003」のレコードのときだけ、

```
RS("給与") = RS("給与") & "A"
```

の処理が実行されます。この処理では、数値型フィールドの［給与］フィールドに、文字列を代入しようとするためエラーが発生します。エラーが発生すると、⑤に処理が移り、次の

```
CN.RollbackTrans
```

でトランザクションにおける変更を取り消します。ここでは、社員番号「1003」のレコードの前に処理された社員番号「1001」と「1002」のレコードに対する更新も取り消され、トランザクションを開始する前の状態に戻ります。

T社員名簿					
社員番号	社員名	部署コード	年齢	給与	住所1
1001	安藤昭雄	B001	61	560000	愛知県
1002	伊藤一郎	B099	51	500000	岐阜県
1003	宇野馬之介	B003	31	320000	三重県
1004	江口恵美子	B004	31	300000	愛知県
1005	尾崎おさむ	B003	21	250000	愛知県
1006	加藤和生	B001	36	380000	愛知県
1007	木村喜代子	B004	46	400000	静岡県
1008	久野邦彦	B005	56	520000	岐阜県
1009	研健次郎	B005	36	360000	三重県
1010	小島浩二	B002	26	260000	愛知県

トランザクション開始前に戻った

❹次に、③の「RS("給与") & "A"」の部分を「RS("給与") ＊ 1.1」に変更します。

❺再度コードを実行すると、今度は「トランザクションを確定しました」のメッセージが表示されます。

コードを変更したため、社員番号「1003」のレコードでエラーが発生しなくなりました。そのため、最終レコードまで繰り返し処理が実行され、④の

```
CN.CommitTrans
```

で、トランザクションにおける変更が確定されます。[T社員名簿] テーブルの内容は次のように更新されました。

T社員名簿					
社員番号	社員名	部署コード	年齢	給与	住所1
1001	安藤昭雄	B001	61	616000	愛知県
1002	伊藤一郎	B099	51	550000	岐阜県
1003	宇野馬之介	B003	31	352000	三重県
1004	江口恵美子	B004	31	330000	愛知県
1005	尾崎おさむ	B003	21	275000	愛知県
1006	加藤和生	B001	36	418000	愛知県
1007	木村喜代子	B004	46	440000	静岡県
1008	久野邦彦	B005	56	572000	岐阜県
1009	研健次郎	B005	36	396000	三重県
1010	小島浩二	B002	26	286000	愛知県

トランザクションにおける変更が確定された

外部データベースの利用

ADOを使用して、CSVファイルやExcelブックに接続し、レコードセットを取得することができます。

● CSVファイルへの接続

CSVファイルへ接続するには、ConnectionオブジェクトのOpenメソッドの引数に次の接続文字列を設定します。

```
CN.Open "Provider=Microsoft.Jet.OLEDB.4.0;" & _
        "Data Source=フォルダのパス;" & _
        "Extended Properties='Text;HDR=NO'"
```

または

```
CN.ConnectionString = "Provider=Microsoft.Jet.OLEDB.4.0;" & _
                      "Data Source=フォルダのパス;" & _
                      "Extended Properties='Text;HDR=NO'"
CN.Open
```

接続文字列の「Data Source」にはCSVファイルが保存されているフォルダのパスを「フォルダのパス」＋「¥」の形式で記述します。たとえばCSVファイルを保存しているフォルダが、Cドライブのルートフォルダなら「C:¥」を、Cドライブにある「work」という名前のフォルダなら「C:¥work¥」を、それぞれ記述します。

次に、ConnectionオブジェクトのExecuteメソッドを使用してオブジェクト変数にレコードセットを格納します。

```
Set RS = CN.Execute("SELECT * FROM ファイル名.拡張子")
```

Executeメソッドの引数に、レコードセットに取得するSQLステートメントを記述します。FROM句の後に「ファイル名.拡張子」の形式で記述します。「ファイル名.拡張子」は、「ファイル名＃拡張子」と記述しても同様に動作します。

それでは実際に、コードを記述して動作を確認してみましょう。

❶VBEのプロジェクトエクスプローラより「外部データベースの利用」モジュールをダブルクリックします。

❷コードウィンドウに次のコードを記述してください。

```
Sub Test1()
    Dim CN As ADODB.Connection
    Dim RS As ADODB.Recordset
    Dim MyPath As String
    MyPath = CurrentProject.Path & "¥"——————————————————————————①
    Set CN = New ADODB.Connection
    CN.Open "Provider=Microsoft.Jet.OLEDB.4.0;" & _
            "Data Source=" & MyPath & ";" & _                        ②
            "Extended Properties='Text;HDR=NO'"
    Set RS = CN.Execute("SELECT * FROM test.csv")————————————③
    Do Until RS.EOF
        Debug.Print RS.Fields(0), _
                    RS.Fields(1), _
                    RS.Fields(2), _
                    RS.Fields(3)
        RS.MoveNext
    Loop
    RS.Close: CN.Close
    Set RS = Nothing: Set CN = Nothing
End Sub
```

❸コードを実行すると、イミディエイトウィンドウに次のように出力されます。

KH001	購入品セットA	10000	セット
KH002	購入品セットB	8000	セット
KH003	購入品セットC	12000	セット
KH004	購入品セットD	10000	セット
KH005	購入品セットE	7000	セット
KH006	購入品本体A	5000	本体
KH007	購入品本体B	4000	本体
KH008	購入品本体C	6000	本体
KH009	購入品本体D	5000	本体
KH010	購入品本体E	4000	本体

①の

```
MyPath = CurrentProject.Path & "\"
```

で、カレントデータベースのあるフォルダのパスが変数「MyPath」に格納されます。②の「CN.
Open」メソッドの引数で、接続文字列の「Data Source」に変数「MyPath」を指定していま
す。さらに③の

```
Set RS = CN.Execute("SELECT * FROM test.csv")
```

で「test.csv」とCSVファイルを指定しています。そのため、「S07.accdb」と同じフォルダ
にある「test.csv」の内容が、レコードセットとして取得されます。なお「test.csv」の内容は、
次の通りです。

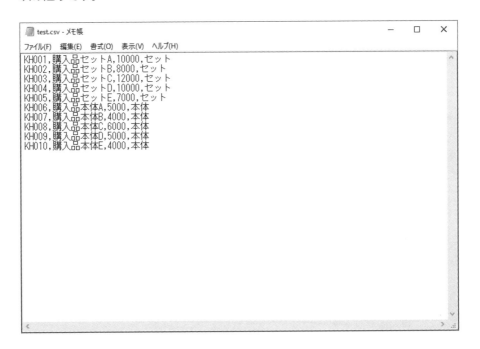

②は、次のように書き換えることができます。

```
CN.Provider = "Microsoft.Jet.OLEDB.4.0"
CN.Properties("Extended Properties") = "Text;HDR=NO"
CN.ConnectionString = MyPath
CN.Open
```

Openメソッドの引数として渡していた接続文字列の設定を、あらかじめConnectionオブジ
ェクトのプロパティとして設定しています。その後「CN.Open」で、CSVファイルへ接続し
ます。この記述でも同様に動作します。

● Excel ブックへの接続

CSVファイルと同様に、Excelブックへ接続するには、ConnectionオブジェクトのOpenメソッ
ドの引数に次の接続文字列を設定します。

```
CN.Open "Provider=Microsoft.ACE.OLEDB.12.0;" & _
        "Data Source=Excelブックのパス;" & _
        "Extended Properties='Excel 12.0;HDR=NO'"
```

または

```
CN.ConnectionString = "Provider=Microsoft.ACE.OLEDB.12.0;" & _
                      "Data Source=Excelブックのパス;" & _
                      "Extended Properties='Excel 12.0;HDR=NO'"
CN.Open
```

接続文字列の「Data Source」には接続するExcelブックのパスを記述します。たとえばCドラ
イブのルートフォルダに保存されている「test.xlsx」という名前のExcelブックに接続する場合、
「C:¥test.xlsx」と記述します。

次に、ConnectionオブジェクトのExecuteメソッドを使用してオブジェクト変数にレコードセ
ットを格納します。

```
Set RS = CN.Execute("SELECT * FROM [シート名$]")
```

Executeメソッドの引数に、レコードセットに取得するSQLステートメントを記述します。
FROM句の後に対象となるワークシート名を「[シート名$]」の形式で記述します。たとえば
「Sheet1」という名前のワークシートのデータをレコードセットに取得する場合、「[Sheet1$]」
と記述します。

レコードセットを取得するとき、WHERE句を使用してレコードを抽出することができます。
接続文字列の「Extended Properties」で「HDR」の設定を「YES」に設定している場合、

  SELECT ＊ FROM ［シート名 $］ WHERE フィールド名 ＝ 値

と、フィールド名を使って抽出条件を指定します。CSVファイルなら、

  SELECT ＊ FROM ファイル名．拡張子 WHERE フィールド名 ＝ 値

と指定します。「HDR」の設定を「NO」に設定している場合、フィールド名を使って抽出条件
を指定することはできません。その場合は、

  SELECT ＊ FROM ［シート名 $］ WHERE ［シート名 $］．列番号 ＝ 値

と指定します。「列番号」には、抽出条件に指定するフィールドを「F+番号」の形式で記述し
ます。たとえば、1列目のフィールドなら「F1」を、2列目のフィールドなら「F2」を記述し
ます。CSVファイルの場合、

  SELECT ＊ FROM ［ファイル名．拡張子］ WHERE ［ファイル名＃拡張子］．列番号 ＝ 値

と指定します。

それでは実際に、コードを記述して動作を確認してみましょう。

❶ コードウィンドウに次のコードを記述してください。

```
Sub Test2()
    Dim CN As ADODB.Connection
    Dim RS As ADODB.Recordset
    Dim MyPath As String
    MyPath = CurrentProject.Path & "¥"
    Set CN = New ADODB.Connection
    CN.Open "Provider=Microsoft.ACE.OLEDB.12.0;" & _
            "Data Source=" & MyPath & "test.xlsx;" & _            ①
            "Extended Properties='Excel 12.0;HDR=YES'"
    Set RS = _
    CN.Execute("SELECT * FROM [Sheet1$] WHERE 購入品区分 = '本体'")    ②
```

```
        Do Until RS.EOF
            Debug.Print RS("購入品コード"), _
                        RS("購入品名"), _
                        RS("単価"), _
                        RS("購入品区分")
            RS.MoveNext
        Loop
        RS.Close: CN.Close
        Set RS = Nothing: Set CN = Nothing
End Sub
```

❷コードを実行すると、イミディエイトウィンドウに次のように出力されます。

KH006	購入品本体A	5000	本体
KH007	購入品本体B	4000	本体
KH008	購入品本体C	6000	本体
KH009	購入品本体D	5000	本体
KH010	購入品本体E	4000	本体

①の「CN.Open」メソッドの引数で、接続文字列の「Data Source」に変数「MyPath &
"test.xlsx;"」を指定しています。変数「MyPath」にはカレントデータベースのあるフォルダ
のパスが格納されているため、「S07.accdb」と同じフォルダにある「test.xlsx」を指定して
いることになります。また、接続文字列の「Extended Properties」で「HDR」の設定を「YES」
に設定しているため、データソースの1行目はフィールド名として認識されます。②の

```
Set RS = CN.Execute("SELECT * FROM [Sheet1$] WHERE 購入品区分 = '本体'")
```

で、「test.xlsx」のワークシート「Sheet1」の［購入品区分］フィールドの値が「本体」のレ
コードのみ、レコードセットに取得されます。なお「test.xlsx」のワークシート「Sheet1」
の内容は、次の通りです。

①は、次のように書き換えることができます。

```
CN.Provider = "Microsoft.ACE.OLEDB.12.0"
CN.Properties("Extended Properties") = "Excel 12.0;HDR=YES"
CN.ConnectionString = MyPath & "test.xlsx"
CN.Open
```

Openメソッドの引数として渡していた接続文字列の設定を、あらかじめConnectionオブジェクトのプロパティとして設定しています。その後「CN.Open」で、Excelブックへ接続します。

例外処理

ADOでは、データベースプロバイダで発生したエラーに関する情報は**Errorオブジェクト**に格納されます。データアクセスに関するエラーが発生すると、Errorsコレクションに1つ以上のErrorオブジェクトが作成されます。Errorオブジェクトの主なプロパティは、次の通りです。

プロパティ	説明
Number	エラー番号を返す
Description	エラーに関する情報を返す
Source	エラーを起こしたオブジェクトを返す

Errorsコレクションは、ConnectionオブジェクトのErrorsプロパティで参照します。

それでは実際に、コードを記述して動作を確認してみましょう。

❶VBEのプロジェクトエクスプローラより「例外処理」モジュールをダブルクリックします。

❷コードウィンドウに次のコードを記述してください。

```
Sub Test()
    Dim CN As ADODB.Connection
    Dim RS As ADODB.Recordset
    Dim MyErr As ADODB.Error
    Set CN = CurrentProject.Connection
    Set RS = New ADODB.Recordset
    RS.Open "T部署マスタ", CN, adOpenKeyset, adLockOptimistic
    On Error GoTo ErrExit─────────────────────────────①
    RS.AddNew
    RS("部署コード") = "B001"
    RS("部署名") = "経理部"                           ②
    RS.Update
    Exit Sub
ErrExit:───────────────────────────────────③
    For Each MyErr In CN.Errors
        MsgBox "発生したエラー情報は次の通りです" & vbCrLf & _
               MyErr.Number & vbCrLf & _
               MyErr.Source & vbCrLf & _
               MyErr.Description
    Next
End Sub
```

❸コードを実行すると、次のメッセージが表示されます。

①の

```
On Error GoTo ErrExit
```

は、On Errorステートメントで、エラーが発生したときに③の「ErrExit:」に処理が移るように
にしています。

②で［T部署マスタ］テーブルに［部署コード］フィールドが「B001」のレコードを追加し
ようとしました。［T部署マスタ］テーブルには、既に［部署コード］フィールドが「B001」
のレコードが存在します。さらに［部署コード］フィールドは主キーで重複するレコードを
追加できないため、エラーが発生します。③に処理が移り、

```
For Each MyErr In CN.Errors
```

の繰り返し処理で、ErrorsコレクションのErrorオブジェクトの数だけ、繰り返しメッセージ
を表示します。

7-2 DAO (Data Access Object) とは

DAOは「Data Access Object」の略で、Accessのデータベースエンジンである**Jetデータベースエンジンに直接接続して**、データを操作することのできるオブジェクトライブラリです。

ADOとの違い

DAOは、ADOと同じくデータベースを操作するためのさまざまなオブジェクトを提供します。DAOは、Jetデータベースエンジンに直接接続するため、単体のAccessシステムを操作するケースに適しています。ADOは、Accessに限らず、Microsoft SQL Serverなどのデータベースに接続できる汎用性のあるオブジェクトを提供し、データベースの種類が異なっても同じ手法でレコードを操作できるという利点があります。

DAOには、テーブルやクエリを作成する機能があります。ADOには、テーブルやクエリを作成する機能はなく、ADOXというADOの拡張機能を使用する必要があります。また、DAOはレコードセットの操作やトランザクションの管理など、ADOで行うことのできる処理の多くを実行することが可能です。

DAOを使用するには

Access 2016は、標準でDAOを使用することができます。ADOと異なり、参照設定をする必要はありません。データベースファイルがDAOを使用できるかどうかを確認するには、［参照設定］ダイアログボックスで「Microsoft Office 15.0 Access database engine Object Library」にチェックが付いているかどうかを確認します。チェックが付いていれば、DAOを使用できます。

なお、DAOとADOには同じ名前のオブジェクトが数多く存在します。DAOとADOを同じシステムで使用する場合、オブジェクトの宣言に注意が必要です。たとえば、

```
Dim RS As Recordset
```

このように記述すると、参照設定で優先順位が上位にあるオブジェクトライブラリの、Recordsetオブジェクトとして認識されます。優先順位は、［参照設定］ダイアログボックスの

リストボックスで、上にあるライブラリファイルほど優先して参照されます。どちらのオブジェクトであるかを明示的に宣言するには、次のように記述します。

```
Dim RS As ADODB.Recordset
```

または

```
Dim RS As DAO.Recordset
```

オブジェクト名の前にコンポーネント名「ADODB」と記述されたオブジェクトはADOのオブジェクトです。オブジェクト名の前にコンポーネント名「DAO」と記述されたオブジェクトはDAOのオブジェクトとして認識されます。

また、ヘルプでメソッドやプロパティについて調べる際も、どちらのオブジェクトの説明であるかを、よく確認して利用するようにしてください。

データベースへの接続

DAOを使用してデータベースに接続するには、**Databaseオブジェクト**を使用します。ADOと同じくオブジェクト変数を宣言し、Databaseオブジェクトのインスタンスを生成します。Databaseオブジェクトのオブジェクト変数を宣言する記述は、次の通りです。

```
Dim オブジェクト変数 As DAO.Database
```

本書では、これ以降、解説を分かりやすくするためにDatabaseオブジェクトを格納するオブジェクト変数を「DB」と記述します。オブジェクト変数の名前は「DB」以外にも自由に命名することができます。

カレントデータベースに接続する場合は、**CurrentDbメソッド**を使用します。カレント以外のデータベースに接続する場合は、**OpenDatabaseメソッド**を使用します。

【カレントデータベースに接続する場合】

```
Set DB = CurrentDb
```

【カレント以外のデータベースに接続する場合】

```
Set DB = OpenDatabase("データベースファイルのパス")
```

SQLの実行

Databaseオブジェクトの Execute メソッドを使用することで、SQLを実行することができます。この時実行できるSQLはアクションクエリのみです。レコードセットを返すSQLを実行することはできません。Execute メソッドを使用した記述は、次の通りです。

```
DB.Execute クエリ
```

Execute メソッドのオブジェクトと引数については、次の通りです。

引数	説明
DB	Databaseオブジェクトを指定

引数	説明
クエリ	クエリ名、SQLステートメントなどを指定

それでは実際に、コードを記述して動作を確認してみましょう。

❶VBEのプロジェクトエクスプローラより「SQLの実行」モジュールをダブルクリックします。

❷コードウィンドウに次のコードを記述してください。

```
Sub Test()
    Dim DB As DAO.Database
    Set DB = CurrentDb
    DB.Execute "SELECT * " & _
            "INTO T社員コピー " & _
            "FROM T社員名簿"
    Set DB = Nothing
End Sub
```

❸コードを実行すると、[T社員名簿] テーブルの内容がコピーされ、[T社員コピー] テーブルが作成されます。

❹Accessの画面に戻り、F5 キーで表示を更新するか、ナビゲーションウィンドウを一度閉じ、再び開くと、追加された、[T社員コピー] テーブルが表示されます。

コードの4行目「DB.Execute」で、Executeメソッドの引数に指定したSQLステートメントが実行され、テーブルのコピーが追加されました。

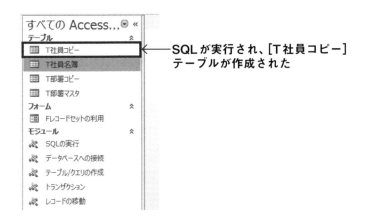

SQLが実行され、[T社員コピー]
テーブルが作成された

テーブル・クエリの作成

DAOを使用して、新規テーブルやクエリを作成することができます。新規テーブルを作成するには**CreateTableDefメソッド**を、新規クエリを作成するには**CreateQueryDefメソッド**を使用します。

● CreateTableDefメソッド

テーブルを作成するには、CreateTableDefメソッドを使用して**TableDefオブジェクト**を作成します。作成されたTableDefオブジェクトに、フィールドを作成し、最後にデータベースに追加します。

それでは実際に、コードを記述して動作を確認してみましょう。

❶VBEのプロジェクトエクスプローラより「テーブル/クエリの作成」モジュールをダブルクリックします。

❷コードウィンドウに次のコードを記述してください。

```
Sub Test1()
    Dim DB As DAO.Database
    Dim TD As DAO.TableDef
    Set DB = CurrentDb
    Set TD = DB.CreateTableDef("T在庫マスタ")───────────────────①
```

```
        TD.Fields.Append TD.CreateField("商品番号", dbText, 4)
        TD.Fields.Append TD.CreateField("在庫数", dbLong)                        ②
        TD.Fields.Append TD.CreateField("在庫区分", dbText, 2)
        DB.TableDefs.Append TD                                                   ③
        Set TD = Nothing: Set DB = Nothing
    End Sub
```

❸コードを実行すると、[T在庫マスタ] テーブルが新しく作成されます。

❹Access の画面に戻り、 F5 キーで表示を更新するか、ナビゲーションウィンドウを一度閉じ、再び開くと、作成された [T在庫マスタ] テーブルが表示されます。

①の

```
    Set TD = DB.CreateTableDef("T在庫マスタ")
```

で、[T在庫マスタ] テーブルのTableDefオブジェクトを新しく作成します。②の「TD.Fields.Append」は、「TD.CreateField」で作成したフィールドをTableDefオブジェクトに追加します。CreateFieldメソッドでは、追加するフィールドの名前やデータ型を引数で指定します。

③の

```
DB.TableDefs.Append TD
```

で、作成したTableDefオブジェクトをデータベースに追加します。

CreateFieldメソッドの第2引数に指定するデータ型の主な定数は次の通りです。

定数	データ型
dbBoolean	Yes／No型
dbLong	長整数型
dbDouble	倍精度浮動小数点型
dbDate	日付／時刻型
dbText	テキスト型

データ型に「dbText」を指定した場合は、第3引数でフィールドサイズを指定します。

> ◆memo
> 新しいテーブルを作成するには、1つ以上のフィールドを作成する必要があります。また作成したテーブルは、TableDefs.Delete メソッドで削除することができます。

 作成するテーブルと同名のテーブルが既にデータベースに存在する場合、実行時エラーが発生するので注意してください。

● CreateQueryDef メソッド

クエリを作成するには、CreateQueryDef メソッドを使用して**QueryDefオブジェクト**を作成します。クエリ名を指定してQueryDefオブジェクトを作成した場合、作成と同時にデータベースにクエリが追加されます。クエリ名を指定せずにQueryDefオブジェクトを作成した場合、一時的なクエリとして作成されます。

それでは実際に、コードを記述して動作を確認してみましょう。

❶ コードウィンドウに次のコードを記述してください。

```
Sub Test2()
    Dim DB As DAO.Database
    Dim QD As DAO.QueryDef
    Dim SQL As String
```

```
    Set DB = CurrentDb
    SQL = "SELECT * FROM T社員名簿 WHERE 年齢 >= 50;"————————①
    Set QD = DB.CreateQueryDef("Q50以上社員", SQL)————————②
    Set QD = Nothing: Set DB = Nothing
End Sub
```

❷コードを実行すると、[Q50以上社員]クエリが新しく作成されます。

❸Accessの画面に戻り、 F5 キーで表示を更新するか、ナビゲーションウィンドウを一度閉じて再び開くと、作成された[Q50以上社員]クエリが表示されます。

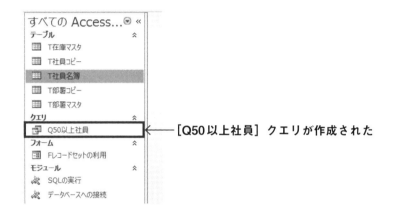

━━[Q50以上社員] クエリが作成された

①の

```
    SQL = "SELECT * FROM T 社員名簿 WHERE 年齢 >= 50;"
```

で、SQLステートメントを変数「SQL」に格納しました。②の

```
    Set QD = DB.CreateQueryDef("Q50 以上社員", SQL)
```

で、変数「SQL」に格納したSQLを[Q50以上社員]のクエリ名でデータベースに追加します。

❹次に、一時的なクエリを作成してExecuteメソッドで実行してみましょう。

```
Sub Test3()
    Dim DB As DAO.Database
    Dim QD As DAO.QueryDef
    Dim SQL As String
    Set DB = CurrentDb
```

次ページへ続く

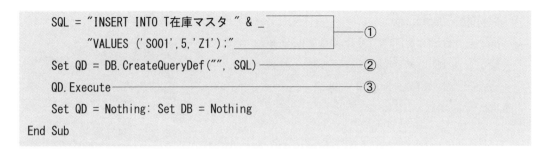

```
      SQL = "INSERT INTO T在庫マスタ " & _
            "VALUES ('S001',5,'Z1');"                        ①
      Set QD = DB.CreateQueryDef("", SQL)                    ②
      QD.Execute                                             ③
      Set QD = Nothing: Set DB = Nothing
End Sub
```

❺ コードを実行すると、[T在庫マスタ] テーブルに新しいレコードが追加されます。

①で [T在庫マスタ] テーブルにレコードを追加するSQLステートメントを、変数「SQL」
に格納しました。②の

```
  Set QD = DB.CreateQueryDef("", SQL)
```

で、変数「SQL」に格納したSQLをQueryDefオブジェクトとして作成しますが、クエリ名の
指定が「""（長さ0の文字列）」のため、データベースには追加されず一時的なクエリとして
作成されます。③の「QD.Execute」で作成したQueryDefオブジェクトを実行し、[T在庫マ
スタ] テーブルにレコードを追加します。

一時的に作成したクエリは、レコードセットに格納して利用することもできます。

❻ コードウィンドウに次のコードを記述してください。

```
Sub Test4()
    Dim DB As DAO.Database
    Dim QD As DAO.QueryDef
    Dim RS As DAO.Recordset
    Dim SQL As String
    Set DB = CurrentDb
    SQL = "SELECT * FROM T社員名簿 WHERE 年齢 >= 50;"            ①
    Set QD = DB.CreateQueryDef("", SQL)                       ②
    Set RS = QD.OpenRecordset()                               ③
```

```
    Do Until RS.EOF
        Debug.Print RS("社員番号"), _
                    RS("社員名"), _
                    RS("年齢")
        RS.MoveNext
    Loop
    Set QD = Nothing: Set RS = Nothing: Set DB = Nothing
End Sub
```

❼コードを実行すると、イミディエイトウィンドウに次のように出力されます。

1001	安藤昭雄	61
1002	伊藤一郎	51
1008	久野邦彦	56

①でSQL ステートメントを変数「SQL」に格納しました。②でQueryDefオブジェクトを作成した後、③の

```
Set RS = QD.OpenRecordset()
```

でQueryDefオブジェクトの内容をレコードセットとして取得しています。このときレコードセットに格納されているレコードは、[T社員名簿] テーブルの年齢が50才以上の社員のレコードです。そのため、イミディエイトウィンドウには該当する3件のレコードが出力されました。

> **◎memo**
> 作成したクエリは、QueryDefs.Delete メソッドで削除することができます。また一時的に作成したクエリはデータベースに追加されません。

これで第7章の実習を終了します。実習ファイル「S07.accdb」を閉じ、Accessを終了します。[オブジェクトの保存] ダイアログボックスが表示されるので [はい] ボタンをクリックし、オブジェクトの変更を保存します。

8

Visual Basic Editorの操作とエラーへの対応

実際の開発を行っていく上で、エラーの発生は避けられない問題です。ここでは、VBE の機能やエラーの種類、エラーへの対応について解説します。

8-1 | Visual Basic Editor (VBE)

VBE（Visual Basic Editor）は、VBAによる開発を行うために用意された、Accessとは別のアプリケーションです。VBEに対する理解を深めることで、より効率的かつ正確にプログラム開発を行うことができます。ここでは、VBEの構成や機能、各種ウィンドウの使い方について解説します。

Visual Basic Editorの構成

VBEの画面構成は、次の通りです。［表示］メニューからプログラミングの作業を補助する、さまざまなウィンドウや便利な機能を表示することができます。

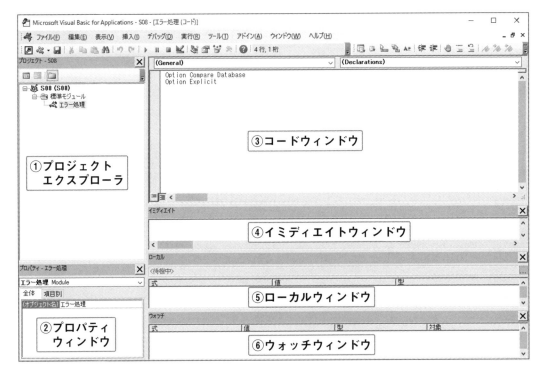

①プロジェクトエクスプローラ
現在のプロジェクトにあるすべてのモジュールを階層構造で表示します。モジュールの追加や削除、インポートやエクスポートを行うことができます。［表示］メニュー→［プロジェクトエクスプローラ］で表示することができます。

②プロパティウィンドウ

選択されているオブジェクトのプロパティを表示・編集することができます。［全体］タブでは
プロパティをアルファベット順に、［項目別］タブでは項目別に、それぞれ表示します。［表示］
メニュー→［プロパティウィンドウ］で表示することができます。

③コードウィンドウ

プログラムのコードを表示・編集することができます。コードウィンドウを複数表示したり、上
下に分割して表示することもできます。

④イミディエイトウィンドウ

簡単な計算式を実行したり、プロシージャを呼び出すことができます。またプロパティや変数な
ど、実行中のプロシージャの内容を出力させることもできます。［表示］メニュー→［イミディ
エイトウィンドウ］で表示することができます。

⑤ローカルウィンドウ

実行中のプロシージャ内にある、すべての変数の値を確認できます。［表示］メニュー→［ロー
カルウィンドウ］で表示することができます。

⑥ウォッチウィンドウ

実行中のプロシージャ内にあるプロパティや変数の内容を確認したり、条件式を満たしたときに
コードの実行を中断することができます。［表示］メニュー→［ウォッチウィンドウ］で表示す
ることができます。

イミディエイトウィンドウの利用

イミディエイトウィンドウを利用することで、効率的なプログラミングが可能になります。実行
中のプロシージャの変数の値を連続して出力したり、関数の結果などを確認したりすることがで
きます。

● Debug.Print

Debug オブジェクトの **Print** メソッドを使用すると、イミディエイトウィンドウに変数の値や、
関数の結果を出力できます。たとえば、繰り返し処理の中で更新される変数の値などを、
Debug.Print を使ってイミディエイトウィンドウに出力すると、後から値の変化を簡単に確認で
きます。たとえば、

```
For i = 0 To UBound(MyType)
    Debug.Print MyType(i).F1, _
                MyType(i).F2, _
```

```
            MyType(i).F3
      Next i
```

このコードは、ユーザー定義型の配列変数「MyType」のすべての要素をイミディエイトウィンドウに出力します。Debug.Printを使用しなければ、MsgBox関数を使って内容を繰り返し表示させるか、この結果を表示させるためのフォームを自分で用意しなければなりません。

◉ 演算・関数・ステートメントの実行

イミディエイトウィンドウでは、演算の結果を表示したり、関数やステートメントを実行させることができます。このとき、演算の結果を返す必要がある場合は先頭に「?」を記述します。演算の結果を返す必要がない場合は「?」を記述しません。

演算の結果を返す必要がある場合、

```
?4*3.14*100^2
?format(#1/1/2018#,"ge 年m 月d 日")
```

このように記述します。記述した後、 **Enter** キーを押すことで実行されます。最初の演算は「125600」を、次のFormat関数は「H30年1月1日」をそれぞれ返します。

```
イミディエイト
?4*3.14*100^2
 125600
?format(#1/1/2018#,"ge 年m 月d 日")
H30 年1 月1 日
```

演算の結果を返す必要がない場合、

```
mystr=" あいうえお"
mystr=strconv(mystr,vbkatakana)
msgbox mystr
```

このように記述します。この場合、変数「mystr」に格納した文字列「あいうえお」を「アイウエオ」に変換して、メッセージボックスで表示します。

> **◉ memo**
> イミディエイトウィンドウは、大文字と小文字を区別しません。またキーワードを入力しても、コードウィンドウのように自動的に大文字／小文字に変換されません。

● プロシージャを呼び出す

イミディエイトウィンドウから、プロシージャを呼び出すことができます。呼び出したプロシージャに引数を渡すことも可能です。

● Sub プロシージャを呼び出す場合

Sub プロシージャは結果を返すことがないため、プロシージャ名をそのままイミディエイトウィンドウに記述します。また、Sub プロシージャに引数を渡すこともできます。たとえば、

```
mysub1
mysub2 100
```

このように記述して、Sub プロシージャを呼び出します。1 つ目の記述は、「mysub1」プロシージャを呼び出して実行させます。2 つ目の記述は、「mysub2」プロシージャに引数「100」を渡して実行させます。

> **memo**
> 「mysub2 100」は、「mysub2(100)」と記述しても、同様に引数を渡して実行させることができます。

● Function プロシージャを呼び出す場合

Function プロシージャは通常、結果を返すため、プロシージャ名の先頭に「?」を付けてイミディエイトウィンドウに記述します。また、Function プロシージャに引数を渡すこともできます。たとえば、

```
?myfunc1
?myfunc2(100)
```

このように記述して、Function プロシージャを呼び出します。1 つ目の記述は、「myfunc1」プロシージャを呼び出し、処理の結果をイミディエイトウィンドウに出力させます。2 つ目の記述は、「myfunc2」プロシージャに引数「100」を渡して呼び出し、処理の結果をイミディエイトウィンドウに出力させます。

> **memo**
> 引数を渡して Function プロシージャを呼び出す場合、「?myfunc2(100)」の記述を、「?myfunc2 100」と記述することはできません。

その他の機能の利用

イミディエイトウィンドウの他にも、VBEには便利な機能がたくさんあります。ここでは、その他の知っておくと便利な機能について解説します。

● ウォッチウィンドウの使い方

ウォッチウィンドウのウォッチ式に条件式を設定することで、変数の内容が特定の値になったときに、プロシージャの実行を中断させることができます。

ウォッチウィンドウを利用するには、ウォッチ式を追加する必要があります。ウォッチ式を追加する方法は、いろいろとありますが、ここではドラッグアンドドロップで簡単に追加する方法について解説します。

```
Sub Test()
    Dim MyNumber As Long
    Dim i As Long
    For i = 1 To 100
        MyNumber = MyNumber + i
    Next i
End Sub
```

このコードで、変数「i」の値が「10」になったときの変数「MyNumber」の値を調べたいとします。ウォッチウィンドウが表示されている状態で、変数「i」と変数「MyNumber」を選択し、ウォッチウィンドウにそれぞれドラッグアンドドロップします。

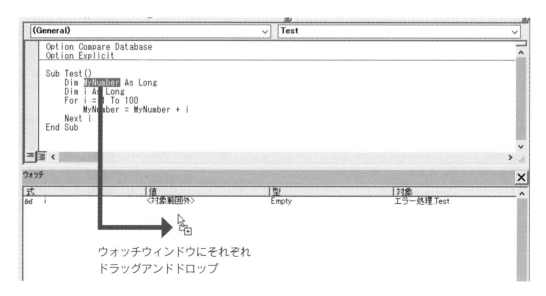

ウォッチウィンドウにそれぞれ
ドラッグアンドドロップ

ウォッチウィンドウにウォッチ式が追加されます。追加された変数「i」のウォッチ式を選択して右クリックします。ショートカットメニューの中から［ウォッチ式の編集］を選択すると、ダイアログボックスが表示されます。

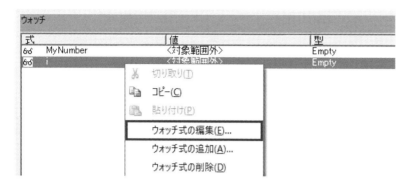

［式］のテキストボックスの値を「i=10」に変更し、［ウォッチの種類］オプションボタンで［式がTrueのときに中断］を選択してください。

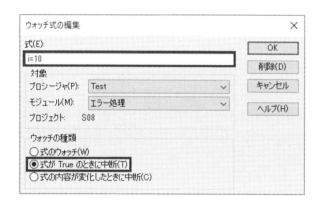

［OK］ボタンをクリックすると、ウォッチウィンドウのウォッチ式が変更されます。

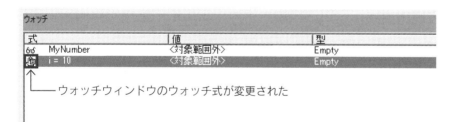

ウォッチウィンドウのウォッチ式が変更された

コードを実行すると、10回目に繰り返し処理が行われた時点で、コードの実行が中断されます。

● memo

ウォッチ式を削除するには、ウォッチウィンドウでウォッチ式を選択して右クリックします。ショートカットメニューの中から［ウォッチ式の削除］を選択すると、ウォッチ式が削除されます。

● ローカルウィンドウの使い方

プロシージャの実行を中断したとき、プロシージャ内のすべての変数の値がローカルウィンドウに表示されます。また、ステップイン実行時に、ローカルウィンドウでプロシージャ内の変数の変化について確認することができます。

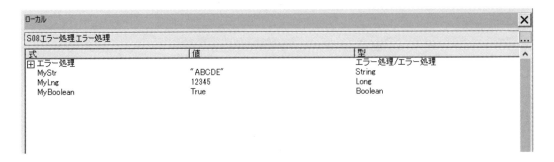

● 呼び出し履歴の使い方

プロシージャの実行を中断したとき、［呼び出し履歴］ダイアログボックスを開くことで、プロシージャがどの順番に呼び出されたか、履歴を確認することができます。

```
Sub Test1()
    Call Test2
End Sub


Sub Test2()
    Call Test3
End Sub


Sub Test3()
    Call Test4
End Sub


Sub Test4()
    Stop
End Sub
```

「Test1」プロシージャを実行すると、「Test4」プロシージャのStopステートメントが実行された時点で、コードの実行が中断します。このとき、[呼び出し履歴] ダイアログボックスを開くと、次のように呼び出し履歴が表示されます。

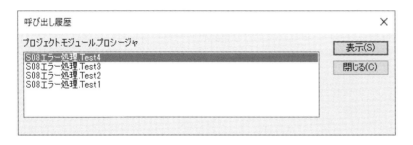

呼び出し履歴は、上にある呼び出し履歴ほど新しい呼び出し履歴になります。また、「プロジェクト名. モジュール名. プロシージャ名」の形式で表示されます。

● オブジェクトブラウザの使い方
オブジェクトブラウザとは、VBAのオブジェクトについて検索したり、メソッドやプロパティを参照したりすることのできるツールです。オブジェクト名やメソッド名などで検索して、該当するオブジェクトのメソッドやプロパティの一覧を確認することができます。

それでは実際に、オブジェクトブラウザを利用してADOのLockTypeプロパティの組み込み定数について調べてみましょう。

❶実習ファイル「S08.accdb」を開きます。

❷VBEを起動します。

❸[ツール] メニュー→ [参照設定] から表示した [参照設定] ダイアログボックスで、「Microsoft ActiveX Data Objects X.X Library」（X.Xはバージョン番号）を選択し、[OK] ボタンをクリックします。

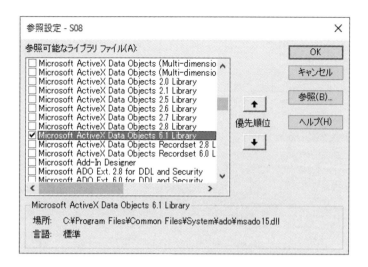

❹ [表示] メニュー→ [オブジェクト ブラウザ] を選択、または F2 キーを押してオブジェク
トブラウザを表示します。

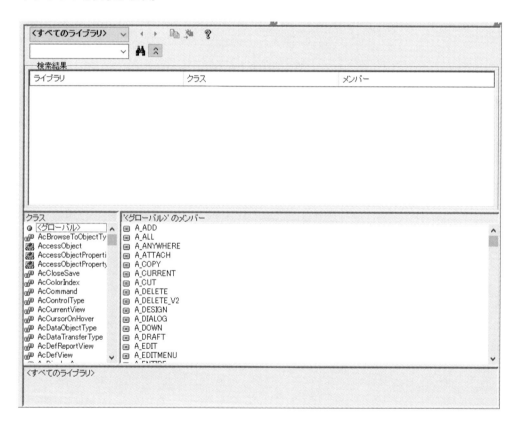

❺ [プロジェクト/ライブラリ] ボックスから [ADODB] を選択します。

❻ [検索文字列] ボックスに「LockType」と入力して 🔍 [検索] ボタンをクリックします。

❼ [メンバー覧] ペインにLockTypeプロパティの組み込み定数の一覧が表示されます。

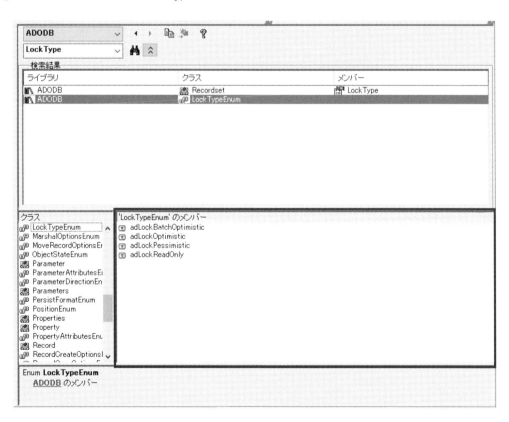

❽確認したら、オブジェクトブラウザを閉じます。オブジェクトブラウザを閉じるには、右上
の［ウィンドウを閉じる］ボタンをクリックします。

> **◆memo**
> ［検索文字列］ボックスは大文字と小文字を区別しないため、「locktype」と入力しても同様に検
> 索を行います。

8-2 エラーへの対応

プログラムを開発する上で、エラーの発生は避けて通れない問題です。エラーの種類には、コードを記述している際に発生するものや、コードを実行している際に発生するものなど、さまざまな種類があります。VBAで発生するエラーを大別すると、主に次の3つになります。

エラーの種類	内容
コンパイルエラー	構文や文法に誤りがあり、コードの実行ができないエラー
実行時エラー	コードの実行時に、処理が継続できなくなり発生するエラー
論理エラー	プログラムが、目的通りの動作を行わないエラー

コンパイルエラー

コンパイルエラーとは、ステートメントの途中で改行したり、Ifステートメントに対するEnd Ifステートメントの記述がないなど、プログラムの文法が間違っているときに発生するエラーです。コンパイルエラーには、次の2つがあります。

・プログラムの記述中に発生するコンパイルエラー
・プログラムの実行時に発生するコンパイルエラー

● プログラムの記述中に発生するコンパイルエラー

プログラムの記述が間違っているときに、自動構文チェック機能が働き、エラーメッセージを表示します。たとえば、

```
Sub Test()
    Dim i As Long
    if i = 0
```

とコードを記述し [Enter] キーを押すと、エラーの発生した箇所が赤字で表示され、メッセージが表示されます。

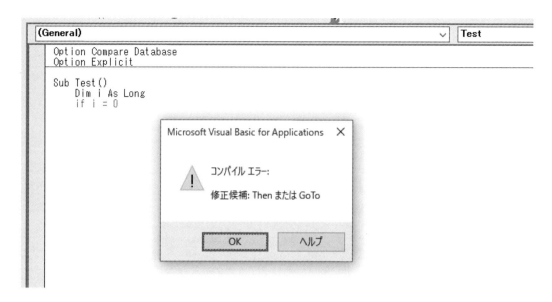

Ifステートメントの条件式の後に「Then」の記述がないため、自動構文チェック機能が働き、エラーメッセージが表示されました。[ヘルプ] ボタンをクリックすると、エラーを修正するための修正候補を表示します。[OK] ボタンをクリックし、条件式の後に「Then」を記述すると、赤字で表示された部分が通常の表示に戻ります。

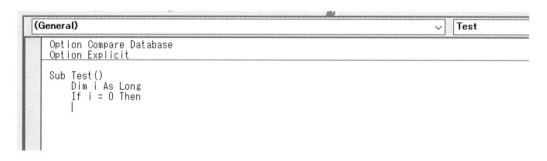

● プログラムの実行時に発生するコンパイルエラー

プログラムを実行する際にもコード内の構文がチェックされ、エラーが見つかるとエラーメッセージを表示します。たとえば、

```
Sub Test()
    Dim i As Long
    If i = 0 Then
        Debug.Print "実行されました"
End Sub
```

このコードを実行すると、メッセージが表示され、コードの実行が中断します。また、エラーの発生した箇所が選択状態になります。

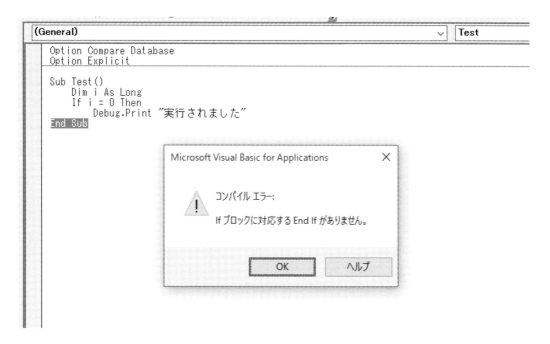

これは、If ステートメントに対する End If ステートメントの記述がないため、プログラムの実行時にコンパイルエラーが発生したからです。[OK] ボタンをクリックすると中断モードになるので、[標準] ツールバー→ [リセット] ボタンをクリックしてコードの実行を終了し、エラーを修正します。

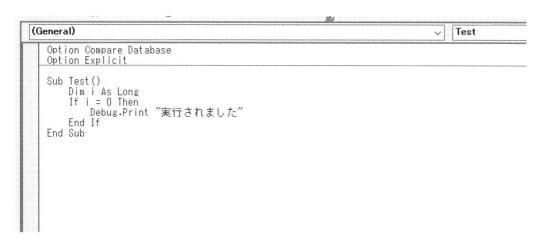

◇ memo

プログラムの実行時の構文チェックは、実際にプログラムを実行しなくても行うことができます。その場合は、[デバッグ] メニュー→ [○○のコンパイル]（○○はプロジェクト名）を選択します。選択すると、プロジェクト全体のコンパイルを行い、構文チェックを行います。エラーが見つかったときは、先ほどと同様にメッセージを表示し、該当する部分を選択します。

実行時エラー

実行時エラーとは、VBAの文法は間違っていないが、変数に格納するデータのデータ型が間違っていたり、実行不可能な処理を実行しようとして、処理の継続ができなくなった場合に発生します。実行時エラーはプログラムを実行したときに発生し、エラーメッセージを表示します。たとえば、

```
Sub Test()
    Dim i As Integer
    i = i + 10000
    i = i + 10000
    i = i + 10000
    i = i + 10000
    Debug.Print i
End Sub
```

このコードを実行すると、コードの6行目を実行しようとしたとき、エラーメッセージが表示されます。

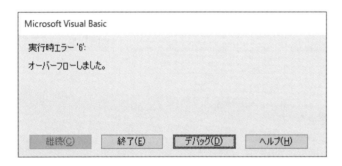

これはInteger型で宣言した変数「i」の扱うことのできる数値「-32768～32767」の範囲を超える値を代入しようとしたため、オーバーフローエラーが発生したからです。[デバッグ]ボタンをクリックすると中断モードになり、エラーの発生した箇所が黄色く反転して表示されます。

```
(General)                                          ✓   Test

    Option Compare Database
    Option Explicit

    Sub Test()
        Dim i As Integer
        i = i + 10000
        i = i + 10000
        i = i + 10000
⇨       i = i + 10000
        Debug.Print i
    End Sub
```

また、[終了] ボタンをクリックした場合、中断モードに入ることなくコードの実行が終了します。コードの2行目「Dim i As Integer」を「Dim i As Long」に修正すると、オーバーフローすることなく処理を実行します。

論理エラーとは、文法に誤りがなく、実行時エラーも発生しないのに、プログラムが意図した通りに動作しないエラーのことをいいます。たとえば、

```
Sub Test()
    Dim 税込単価 As Long
    税込単価 = 5
    税込単価 = 税込単価 * 1.08
    Debug.Print 税込単価
End Sub
```

このコードを実行すると、イミディエイトウィンドウに「5.4」ではなく「5」が出力されます。変数「税込単価」はLong型で宣言されているので、小数のデータを格納できません。そのため、演算結果は「5.4」ではなく「5」として格納されます。これは、プログラムの意図した動きと異なります。コードの2行目「Dim 税込単価 As Long」を「Dim 税込単価 As Double」に修正すると、意図した通りの処理を実行します。

論理エラーはコンパイルエラーも実行時エラーも発生しないため、エラーの原因を発見しづらく、修正が困難です。論理エラーに対処するには、デバッグ機能を使用してコードを詳細に分析する必要があります。デバッグ機能については「Access VBA ベーシック」を参照してください。

エラー処理

エラー処理とは、**前もってプログラムに組み込まれた、エラーが発生した際に行う処理**を指します。エラー処理を行うことで、実行時エラーが発生したとき、プログラムに適切な処理をさせることができ、実行時エラーのダイアログボックスを表示させないようにすることができます。

たとえば、リムーバブルディスクにデータを保存するとき、ディスクの準備ができていればそのまま保存し、ディスクの準備ができていなければメッセージを表示して待機するように、エラー発生時の処理を分岐させることができます。

● On Error ステートメント

On Error ステートメントは、エラーが発生したときに実行する処理を指定するステートメントです。On Error ステートメントをエラーが発生する可能性のあるコードより前に記述し、エラーが発生した際に実行する処理を指定します。またエラーが発生することを予測し、前もってエラーに対処しておくことを**エラートラップ**と呼びます。On Error ステートメントには、次の種類があります。

On Error ステートメントの種類	説明
On Error Goto ステートメント	エラーが発生したとき、行ラベルの場所に移動して以降の処理を実行する
On Error Resume Next ステートメント	エラーが発生してもエラーを無視して処理を継続する
On Error Goto 0 ステートメント	エラートラップを無効にする

● On Error Goto ステートメント

On Error Goto ステートメントは、エラーが発生した際に行ラベルで指定した場所に移動し、以降の処理を実行するステートメントです。On Error Goto ステートメントを使用した記述は、次の通りです。

```
Sub プロシージャ名()
    On Error GoTo 行ラベル
    通常実行する処理
    :
    Exit Sub
行ラベル:
    エラーが発生した際に実行する処理
    :
End Sub
```

「行ラベル」とは、プログラムの中で特定の行を識別するための目印です。行の先頭で「行ラベル:」と、任意の文字列の後ろに「:（コロン）」を付けて記述することにより、行ラベルとして認識されるようになります。行ラベルは処理の分岐先となるので、分かりやすい名前を付けることを推奨します。また行ラベルには、大文字と小文字の区別はなく、同一プロシージャ内で同じ行ラベルを複数使用することはできません。

行ラベル以降に記述する、エラーが発生したとき実行される処理を、**エラー処理ルーチン**と呼びます。エラー処理ルーチンは通常プロシージャの最後に記述し、エラーが発生しなかった場合に実行されないよう、行ラベルの直前にExit Sub ステートメントを記述します。

それでは実際に、コードを記述して動作を確認してみましょう。

❶VBEのプロジェクトエクスプローラから「エラー処理」モジュールをダブルクリックします。

❷コードウィンドウに次のコードを記述してください。

```
Sub Test1()
    Dim MyNumber As Long
    On Error GoTo ErrExit
    MyNumber = InputBox("数値を入力してください")
    MsgBox MyNumber & "の値が入力されました"
    Exit Sub
ErrExit:
    MsgBox "数値が入力されませんでした"
End Sub
```

❸コードを実行すると、ダイアログボックスが表示されるので文字列の「A」を入力し［OK］ボタンをクリックします。

「数値が入力されませんでした」のメッセージが表示され、コードの実行が終了します。コードの3行目に「On Error GoTo ErrExit」を記述し、エラーが発生したときに行ラベル「ErrExit」へ移動するように指定しました。変数「MyNumber」はLong型の変数のため、文字列は格納できません。そこに文字列の「A」を代入しようとしたためエラーが発生し、7行目の「ErrExit」に処理が移りました。また6行目にExit Subステートメントを記述しているため、エラーが発生しなかった場合、7行目以降のエラー処理ルーチンは実行されません。

❹もうひとつ、コードを記述してみましょう。

```
Sub Test2()
    Dim MyNumber As Long
    Dim MyDate As Date
    On Error GoTo ErrExit1
    MyNumber = InputBox("数値を入力してください")
    On Error GoTo ErrExit2
    MyDate = InputBox("日付を入力してください")
    MsgBox MyNumber & "の値と" & _
            MyDate & "の日付が入力されました"
    Exit Sub
ErrExit1:
```

次ページへ続く

261

```
    MsgBox "数値が入力されませんでした"
    Exit Sub
ErrExit2:
    MsgBox "日付が入力されませんでした"
End Sub
```

❺コードを実行して1つ目のダイアログボックスに数値を入力すると、2つ目のダイアログボックスが表示されます。

コードの4行目と6行目にOn Error Gotoステートメントが記述されていますが、4行目は行ラベル「ErrExit1」に、6行目は行ラベル「ErrExit2」に移動するよう指定しているため、変数「MyNumber」に数値以外のデータが代入されたときは「ErrExit1」に、変数「MyDate」に日付以外のデータが代入されたときは「ErrExit2」に、それぞれ処理が移ります。後は、移動先のエラー処理ルーチンで、エラーの内容に応じたエラー処理ルーチンを実行させます。

● On Error Resume Next ステートメント

On Error Resume Next ステートメントは、エラーが発生してもエラーメッセージを表示することなく、エラーを無視して処理を継続します。エラーが発生してもプログラムの動作に支障がない箇所に使用します。On Error Resume Nextステートメントを使用した記述は、次の通りです。

```
Sub プロシージャ名()
    On Error Resume Next
    エラーを無視して実行する処理
     :
End Sub
```

それでは実際に、コードを記述して動作を確認してみましょう。

❶コードウィンドウに次のコードを記述してください。

```
Sub Test3()
    On Error Resume Next
    Debug.Print 100 / 0
    Debug.Print 100 / 1
    Debug.Print 100 / 2
    Debug.Print 100 / 4
End Sub
```

❷コードを実行する前にイミディエイトウィンドウを表示しておきます。コードを実行すると、イミディエイトウィンドウに次のように出力されます。

```
100
50
25
```

コードの3行目「Debug.Print 100 / 0」は「0」で除算をしているため0除算エラーが発生します。しかし2行目に「On Error Resume Next」が記述されているため、エラーを無視してそのまま処理が継続されます。イミディエイトウィンドウには、エラーが発生しなかった4行目～6行目の演算結果のみ、出力されます。

> **重要**
>
> On Error Resume Nextステートメントはエラーを無視して処理を続けるため、無視したエラーの内容によってはプログラムが正しく動作しない場合があります。エラーが発生しても、プログラムの動作に支障がない部分に使用を限定し、その部分の処理を終えたらOn Error Gotoステートメントや On Error Goto 0ステートメントを使用して、On Error Resume Nextステートメントのエラートラップを解除することを推奨します。

● On Error Goto 0 ステートメント

On Error Goto 0ステートメントは、エラートラップを無効にするステートメントです。このステートメント以降のコードでエラーが発生しても、エラー処理は行われません。On Error Goto 0ステートメントを使用した記述は、次の通りです。

```
Sub プロシージャ名()
    On Error GoTo 行ラベル
    エラートラップを行う処理
    :
    On Error GoTo 0
    エラートラップを行わない処理
    :
    Exit Sub
行ラベル:
    エラーが発生した際に実行する処理
    :
End Sub
```

それでは実際に、コードを記述して動作を確認してみましょう。

❶ コードウィンドウに次のコードを記述してください。

```
Sub Test4()
    Dim MyNumber As Long
    On Error GoTo ErrExit
    MyNumber = InputBox("数値を入力してください")
    MsgBox MyNumber & "の値が入力されました"
    On Error GoTo 0
    MsgBox "1÷" & MyNumber & "=" & 1 / MyNumber
    Exit Sub
ErrExit:
    MsgBox "数値が入力されませんでした"
End Sub
```

❷ コードを実行すると、ダイアログボックスが表示されるので文字列の「A」を入力し［OK］ボタンをクリックします。

3行目の「On Error GoTo ErrExit」によるエラートラップが働き、「数値が入力されませんでした」のメッセージが表示され、コードの実行が終了します。

❸ 再度コードを実行し、今度は数値の「0」を入力します。「0の値が入力されました」のメッセージが表示された後、実行時エラーが発生します。

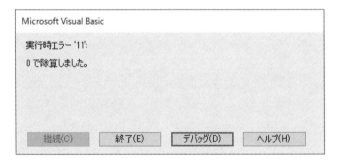

1回目の実行でエラートラップが働いたのは、4行目で変数「MyNumber」に文字列を代入しようとしてエラーが発生したからです。2回目の実行では数値の「0」を入力したため、エラーは発生しませんでした。処理が継続し、6行目の「On Error GoTo 0」でエラートラップが無効になります。7行目で、変数「MyNumber」が「0」の状態で「1 / MyNumber」の演算をしようとしたため、0除算エラーが発生しました。このとき、エラートラップが無効になっているためエラー処理は行われず、実行時エラーのダイアログボックスが表示されます。

❹ダイアログボックスの［終了］ボタンをクリックして、コードの実行を終了させてください。

●Resumeステートメント

Resumeステートメントはエラーが発生したケースで、処理を再実行するときに使用します。
Resumeステートメントとは、On Error Gotoステートメントによるエラートラップが有効なと
き、エラー処理ルーチンでエラー処理を行った後、指定した場所から処理を再実行するステート
メントです。Resumeステートメントには、次の種類があります。

Resumeステートメントの種類	説明
Resume	エラーが発生した行から処理を再実行する
Resume Next	エラーが発生した行の次の行から処理を再実行する
Resume 行ラベル	指定した行ラベルから処理を再実行する

Resumeステートメントはエラー処理ルーチンに記述します。Resumeステートメントの動作は、
次の通りです。

```
Sub プロシージャ名()
    On Error GoTo 行ラベル1
    エラーが発生したステートメント
    エラーが発生した次のステートメント
     :
行ラベル2:
    通常のステートメント
     :
    Exit Sub
行ラベル1:
    エラー処理ルーチン
     :
    If 条件1 Then
        Resume    (エラーが発生したステートメントに戻る)
    ElseIf 条件2 Then
        Resume Next    (エラーが発生した次のステートメントに戻る)
    Else
        Resume 行ラベル2    (行ラベル2に戻る)
    End If
End Sub
```

それでは実際に、コードを記述して動作を確認してみましょう。

❶ コードウィンドウに次のコードを記述してください。

```
Sub Test5()
    Dim MyNumber As Long
    On Error GoTo ErrExit
    MyNumber = InputBox("数値を入力してください")
    MsgBox MyNumber & "の値が入力されました"
ErrRetry:
    Exit Sub
ErrExit:
    Select Case MsgBox("もう一度入力しますか？", vbYesNoCancel)
    Case vbYes
        Resume
    Case vbNo
        Resume Next
    Case vbCancel
        Resume ErrRetry
    End Select
End Sub
```

❷ コードを実行すると、ダイアログボックスが表示されるので文字列の「A」を入力し［OK］
ボタンをクリックします。エラー処理ルーチンに処理が移り、「もう一度入力しますか？」の
メッセージが表示されます。

ここで、［はい］ボタンをクリックするとResume ステートメントが実行され、エラーの発生
したステートメントに処理が戻り、再びダイアログボックスが表示されます。

［いいえ］ボタンをクリックするとResume Next ステートメントが実行され、エラーの発生し
た行の次の行からコードの実行が再開します。変数「MyNumber」に値が代入されていないた
め、変数「MyNumber」には初期値の「0」が格納されています。そのため「0の値が入力さ
れました」のメッセージが表示されます。

［キャンセル］ボタンをクリックすると、「Resume ErrRetry」が実行され、行ラベル「ErrRetry」からコードの実行が再開します。行ラベル「ErrRetry」の次の行のExit Subステートメントが実行され、コードの実行が終了します。

● Errオブジェクト

実行時エラーが発生すると、**Errオブジェクト**にエラーを識別するための情報が格納されます。Errオブジェクトのプロパティから、発生したエラーに対する情報を取得し、利用することができます。Errオブジェクトの主なプロパティは次の通りです。

プロパティ	説明
Number	エラーの番号を返す
Description	エラーの情報を返す

Numberプロパティが返すエラー番号と、Descriptionプロパティが返すエラー情報の、主なものは次の通りです。

エラー番号	エラー情報
6	オーバーフローしました。
7	メモリが足りません。
9	インデックスが有効範囲にありません。
11	0で除算しました。
13	型が一致しません。
17	要求された操作は実行できません。

なおNumberプロパティの返す値が「0」のとき、エラーは発生していません。On Error Resume Nextステートメントで、エラーが発生しているかを確認するには、Numberプロパティの値が「0」かどうかを調べます。また、エラー処理ルーチンでResumeステートメントを使用すると、Numberプロパティは「0」に、Descriptionプロパティは「""（長さ0の文字列）」にリセットされます。

それでは実際に、コードを記述して動作を確認してみましょう。

❶コードウィンドウに次のコードを記述してください。

```
Sub Test6()
    Dim MyNumber As Integer
    On Error Resume Next
    MyNumber = InputBox("数値を入力してください")
```

次ページへ続く

```
    Select Case Err.Number
    Case 0
        MsgBox MyNumber & "の値が入力されました"
    Case 6
        MsgBox Err.Description & vbCrLf & _
            "数値は-32768〜32767の範囲で入力してください"
    Case 13
        MsgBox Err.Description & vbCrLf & _
            "数値以外のデータを入力しないでください"
    End Select
End Sub
```

❷コードを実行すると、ダイアログボックスが表示されるので、数値の「40000」を入力して[OK]ボタンをクリックします。図のメッセージが表示されます。

❸再度コードを実行し、今度は文字列の「A」を入力します。すると図のメッセージが表示されます。

コードの3行目でOn Error Resume Nextステートメントを記述しているため、4行目でInteger型の変数「MyNumber」が扱うことのできる範囲を超える数値を代入したり、文字列を代入してエラーが発生しても、エラーを無視して処理を継続します。

しかしエラーは発生しているため、Errオブジェクトにエラー情報が格納され、Numberプロパティには「0」以外の数値が格納されています。5行目のSelect Caseステートメントで

Number プロパティの値に応じて処理を分岐させ、Number プロパティの値が「6」のときは
オーバーフローのエラー、「13」のときはデータ型が一致しないエラーと、発生したエラーの
内容に応じてメッセージを表示させています。

よくあるエラーへの対処

最後によくあるエラーとその原因、対処の仕方について紹介します。エラーには必ず原因があり
ます。そして、ほとんどのエラーは、プログラムを精査することと、適切なエラー処理を行うこ
とで、対処することが可能です。

● 無限ループが発生するエラーの例

```
Sub Test()
    Dim CN As ADODB.Connection
    Dim RS As New ADODB.Recordset
    Set CN = CurrentProject.Connection
    RS.Open "T1", CN, adOpenKeyset, adLockOptimistic
    Do Until RS.EOF
        If RS("F2") = "A" Then
            RS("F1") = RS("F1") + 1
            RS.Update
            RS.MoveNext
        End If
    Loop
End Sub
```

このコードは、[T1] テーブルの [F2] フィールドに「A」以外の値が格納されているとき、無
限ループが発生します。これは「RS.MoveNext」がIfステートメント内にあるため、「RS("F2")
= "A"」の条件式を満たすときしか実行されないからです。[F2] フィールドに「A」以外の値
が格納されている場合、「RS.MoveNext」は実行されず、カレントレコードは移動しません。そ
のため無限ループが発生します。

```
    Do Until RS.EOF
        If RS("F2") = "A" Then
            RS("F1") = RS("F1") + 1
            RS.Update
```

次ページへ続く

```
        End If
        RS.MoveNext
    Loop
```

このように「RS.MoveNext」メソッドの記述する場所を変更すれば、無限ループは発生しません。

● レコードが1件もないときに発生するエラーの例

```
Sub Test()
    Dim CN As ADODB.Connection
    Dim RS As ADODB.Recordset
    Set CN = CurrentProject.Connection
    Set RS = CN.Execute("T1")
    Do
        Debug.Print RS.Fields(0), _
                    RS.Fields(1), _
                    RS.Fields(2)
        RS.MoveNext
    Loop Until RS.EOF
End Sub
```

このコードは、[T1] テーブルにレコードがあるときは正常に動作しますが、レコードが1件もない場合、エラーが発生します。これは、Do...Loopステートメントの繰り返し条件を実行後判断にしているため、繰り返し条件を満たしている、いないにかかわらず、ループ内の処理を一度実行するからです。レコードが1件もないケースでは、カレントレコードのフィールドを参照できないためエラーが発生します。

```
    Do Until RS.EOF
        Debug.Print RS.Fields(0), _
                    RS.Fields(1), _
                    RS.Fields(2)
        RS.MoveNext
    Loop
```

このように繰り返し条件を実行前判断に変更すれば、レコードが1件もない場合、ループ内の処理が実行されないため、エラーが発生しません。

● インデックス番号が有効でないときに発生するエラーの例

```
Sub Test()
    Dim MyNumber(5) As Long
    Dim v As Variant
    Dim i As Long
    For Each v In MyNumber
        i = i + 1
        MyNumber(i) = 1
    Next
End Sub
```

このコードは、配列変数「MyNumber」のすべての要素に「1」を代入する処理ですが、最後の繰り返し処理でエラーが発生します。配列変数「MyNumber」の要素数は「6」です。そのため、For Each...Next ステートメントも6回繰り返し処理を行います。6回目の繰り返し処理で、変数「i」には「6」が格納されます。存在しないインデックス番号の「MyNumber(6)」に値を代入しようとしたためエラーが発生します。また、このコードでは「MyNumber(0)」の要素には「1」が代入されず、初期値の「0」のままになっています。

```
    For Each v In MyNumber
        MyNumber(i) = 1
        i = i + 1
    Next
```

このように、「i = i + 1」の記述する場所を変更すればエラーは発生せず、配列変数「MyNumber」のすべての要素に「1」が代入されます。

また次のように、繰り返し処理のカウンタ変数を誤って使用しても同様のエラーが発生します。

```
Sub Test()
    Dim MyNumber(5) As Long
    Dim i As Long
    For i = 0 To 5
        MyNumber(i) = 1
    Next i
    Debug.Print MyNumber(i)
End Sub
```

このコードも先ほどと同様に、配列変数「MyNumber」のすべての要素に「1」を代入する処理ですが、繰り返し処理を終えて、配列変数「MyNumber」の最後の要素の値を取得しようとすると、エラーが発生します。これは、繰り返し処理を終えた後のカウンタ変数が「5」ではなく「6」になっているからです。存在しないインデックス番号の「MyNumber(6)」の値を取得しようとするためエラーが発生します。

```
Debug.Print MyNumber(UBound(MyNumber))
```

最後の要素の値を取得したいのであれば、カウンタ変数を使わずにUBound関数でインデックス番号の上限を取得します。カウンタ変数を繰り返し処理以外の場所で用いることは推奨しません。

● InputBox関数を使用したときに発生するエラーの例

```
Sub Test()
    Dim MyNumber As Long
    Dim MyDate As Date
    MyNumber = InputBox("数値を入力してください")
    MyDate = InputBox("日付を入力してください")
End Sub
```

このコードを実行するとダイアログボックスが表示され、数値と日付の入力を求めます。このとき、数値以外のデータ、日付以外のデータを入力するとエラーが発生します。エラートラップを使用して、ユーザーに再入力させることもできますが、次のようにコードを記述するとエラートラップを使用することなく、同様の処理を行うことができます。

```
Sub Test()
    Dim MyNumber As String
    Dim MyDate As String
    Do
        MyNumber = InputBox("数値を入力してください")
    Loop Until IsNumeric(MyNumber)
    Do
        MyDate = InputBox("日付を入力してください")
    Loop Until IsDate(MyDate)
End Sub
```

このように、IsNumeric関数、IsDate関数を使用して、正しいデータが入力されるまで繰り返し

処理をさせることで、エラートラップなしに正しいデータを取得することができます。このとき、変数「MyNumber」と変数「MyDate」は、どのような文字列が代入されるか分からないため、String型で宣言します。また、InputBox関数だけでなく、フォームのテキストボックスでも、このやり方を応用することができます。

> **◇memo**
>
> 最後になりますが、VBAのコードはできるだけ美しいコードを記述するように心がけてください。見た目に汚いコードは、デバッグもしにくく、エラーの原因も分かりにくくなります。美しいコードとは、きちんとインデントされていて、無駄な変数の宣言もなく、ロジックの流れが分かりやすいコードのことを指します。このようなコードはメンテナンスもしやすく、仮にエラーが発生しても、その原因を特定することが容易です。

これで第8章の実習を終了します。実習ファイル「S08.accdb」を閉じ、Accessを終了します。[オブジェクトの保存] ダイアログボックスが表示されるので [はい] ボタンをクリックし、オブジェクトの変更を保存します。

Access VBA Standard
Index

●著者プロフィール

武藤 玄 （むとう げん）

Microsoft のテクノロジーに関する豊富な知識と経験を持つ人物を表彰するMVP
（Most Valuable Professional）プログラムのOffice Apps & Services MVP を受賞。
文化庁メディア芸術祭でもVBA で開発した自作のプログラムが審査委員会推薦作品
を受賞している。DB サーバを使用したシステムやAccess VBA による業務システム
の豊富な開発経験をもつ。現在はSI 会社を設立、SE としての知識と経験を活かし、
執筆やシステム開発で活躍中。

著書
VBAエキスパート公式テキスト　Access VBAベーシック（オデッセイ コミュニケーションズ）
ストーリーで学ぶ　Excel VBAと業務改善のポイントがわかる本（オデッセイ コミュニケーションズ）

VBAエキスパート 公式テキスト

Access VBAスタンダード

2020年1月24日　初版 第 1 刷発行
2023年3月 1 日　初版 第 3 刷発行

著者	武藤 玄
発行	株式会社オデッセイ コミュニケーションズ
	〒100-0005　東京都千代田区丸の内3-3-1　新東京ビルB1
	E-Mail：publish@odyssey-com.co.jp
印刷・製本	中央精版印刷株式会社
カバーデザイン	柿木原 政広　渡部 沙織　10inc
本文デザイン・DTP	BUCH+

© 2020 Odyssey Communications, Inc.　　ISBN978-4-908327-14-8 C3055